Alles ist Zahl

Bilder von Eugen Jost sowie begleitende Texte von
Peter Baptist und Albrecht Beutelspacher

Bibliografische Information Der Deutschen Bibliothek

Die Deutsche Bibliothek verzeichnet diese Publikation in der Deutschen Nationalbibliografie; detaillierte bibliografische Daten sind im Internet über http://dnb.ddb.de abrufbar.

ISBN 978-3-87427-096-0

Herausgeber	Peter Baptist
Autoren	Peter Baptist Albrecht Beutelspacher
Motive	Eugen Jost CH-3604 Thun eugenjost@bluewin.ch
Reproaufnahmen	www.jostvonallmen.com
Redaktion	Peter Baptist Carsten Miller
Grafische Gestaltung/Realisation	Carsten Miller
Verlag	Kölner Universitäts-Verlag GmbH Gustav-Heinemann-Ufer 84-88 50968 Köln
Produktion	edition agrippa gmbh, Köln · Berlin
Sponsor	THINK ING. Arbeitgeberverband Gesamtmetall www.think-ing.de
Koordination	Wolfgang Gollub Arbeitgeberverband Gesamtmetall gollub@gesamtmetall.de
Internet	www.mathematik-und-kunst.de
Auflage	1. Auflage 2008
ISBN	978-3-87427-096-0

Inhaltsverzeichnis

Mathematik ist nicht alles,
aber ohne Mathematik ist alles nichts.
Heinz-Olaf Henkel

Mathematik stellt eine der wichtigsten, ältesten, beständigsten und zugleich hochaktuellsten Kulturleistungen der Menschheit dar. Es hat noch nie eine Epoche gegeben, die bis in den Alltag hinein so stark von mathematischen Methoden durchdrungen und daher auch so stark von ihnen abhängig gewesen ist wie die unserige. High-Tech-Computer und naturwissenschaftlich-technischer Fortschritt prägen unsere Gesellschaft. Viele der Kultur- und Kommunikationsformen, die unser heutiges Leben bestimmen, basieren im Wesentlichen auf mathematischen Erkenntnissen und Algorithmen. Aktuelle Forschungsergebnisse werden immer öfter zeitnah in praktische Anwendungen umgesetzt.
Mathematik ist nicht auf das mechanische Anwenden von Regeln reduzierbar. Mathematik ist eine hochgradig kreative Tätigkeit, die spezifische Denkfertigkeiten, Methoden und nicht zuletzt Erfahrung erfordert. Von diesem eigentlichen Kern der Mathematik wird in der Schule – für die meisten von uns der einzige Ort, an dem wir uns intensiv mit diesem Fach befassen müssen – in der Regel zu wenig vermittelt. Der Schwerpunkt liegt zu sehr auf formalen Rechenmethoden.

Kultureller Stellenwert der Mathematik

Mathematisches Arbeiten ist ein intellektuelles Abenteuer, zu dem man Phantasie, Einfallsreichtum, logisches Denken, Durchhaltevermögen und Kritikfähigkeit benötigt. Mathematische Theorien sowie Problemstellungen und deren Lösungen sprechen nicht nur den Intellekt an, sondern auch Gefühle und ästhetisches Empfinden, vergleichbar mit künstlerischen Aktivitäten. Mathematiker sind – wie Dichter, Maler und Komponisten – Schöpfer von Motiven, Strukturen und Mustern, die frisch und lebendig die Jahrhunderte überdauern können. Solche langlebigen mathematischen Gebilde basieren auf herausragenden Ideen und erfüllen ästhetische Ansprüche.
Die Schönheit der Mathematik lässt sich auf sehr vielfältige Weise demonstrieren. Sie hängt weder vom Schwierigkeitsgrad noch vom Niveau der betrachteten Ergebnisse oder Lehrsätze ab, der ästhetische Gehalt lässt sich auch auf elementarer Stufe kultivieren. Das allgemein bekannteste Beispiel hierfür dürfte der Lehrsatz des Pythagoras sein.

Mathematik als Schlüsseltechnologie

Wir leben in einer Gesellschaft, die in weiten Bereichen durch die Mathematik geformt ist. Mathematik ist ein unersetzliches Hilfsmittel der Naturwissenschaften, der Informatik, der Technik, der Medizin und der Wirtschaftswissenschaften. Es ist keine Übertreibung, wenn wir behaupten: Kein Fortschritt ohne Mathematik. Aber es liegt eine paradoxe Situation vor. Je wichtiger Mathematik für unsere Gesellschaft geworden ist, desto stärker tritt sie in den Hintergrund. Wenn wir nicht genau hinsehen, nehmen wir überhaupt nicht wahr, dass dieses Fach eine bedeutsame Rolle in unserem Leben spielt. Die meisten wissen es gar nicht oder wollen es gar nicht wissen: Die Logistik von Ampelschaltungen und von Verkehrssystemen ist ohne Mathematik nicht denkbar. Kein Notebook, kein Handy, kein DVD-Player, kein Navigationssystem, kein Computertomograph, keine Geldkarte, keine Scannerkasse ohne Mathematik. Die Beispiele lassen sich nahezu ohne Ende fortsetzen, denn in allen elektronischen Bauteilen von Geräten und Fahrzeugen steckt letztendlich Mathematik. Auch wenn sie im fertigen Produkt meist nicht mehr sichtbar ist, musste sie zunächst entwickelt und auf das jeweilige Problem angewandt werden. Nicht ohne Grund bezeichnet man die Mathematik als Motor unseres Informationszeitalters. Allerdings sind diese mathematischen Theorien und Verfahren in der Regel so kompliziert, dass sie nicht Bestandteil des Schulunterrichts sein können. Dies ist auch weder notwendig noch sinnvoll. Aufgabe der Schule ist es vielmehr, die Grundlagen für einen möglichen späteren Einstieg in weiterführendes mathematisches Arbeiten zu vermitteln. Weiterhin sollten die Jugendlichen in der Lage sein, sich bei Bedarf selbstständig bestimmte Inhalte zu erarbeiten.

Fazit

Das mathematische Grundwissen, das die Basis für spätere Aktivitäten bildet und auf das später aufgebaut werden soll, besteht nicht nur aus einem Operieren mit Zahlen und aus einem Anwenden von Rechenverfahren. Mathematik erfordert vor allem ein Erkennen von und ein Umgehen mit Mustern bzw. Strukturen sowie den daraus resultierenden Beziehungen. Mathematisches Denken und Argumentieren sollte zumindest teilweise routinemäßige Rechenübungen ablösen, die sich überdies mit einem Taschenrechner oder einer entsprechenden Software effizienter und genauer erledigen lassen. Das Lehren und Lernen von Mathematik wird interessanter, denn es beschränkt sich nicht auf das alleinige Vermitteln von Rechentechniken.

Um Missverständnissen vorzubeugen: Es geht nicht darum, dass jedermann sich mit Mathematik befassen soll, wie es Mathematiker tun. Wir erfreuen uns auch an Beethovens, Mozarts oder Fredy Mercurys Musik, ohne auf die Idee zu kommen, selbst entsprechende Werke zu komponieren. Um Mathematik angemessen goutieren und einschätzen zu können, benötigt man aber Anleitung und Erfahrung ebenso wie für das rechte Verständnis von Wagners Opern und Picassos Bildern. Die Bedeutung der Mathematik für unser Leben muss stärker in das Bewusstsein der Gesellschaft gerückt werden. Dies ist ebenfalls ein wichtiges und vordringliches Ziel des Mathematikunterrichts.
Auch außerhalb der Schule sollten wir jede Gelegenheit nutzen, um auf Mathematik aufmerksam zu machen, und wir sollten auf Anlässe zum Beschäftigen mit Mathematik hinweisen. Einige wenige Beispiele: Gedenkjahre von Persönlichkeiten, Biografien, Problemlöseaktivitäten, populäre Darstellungen mathematischer Entwicklungen, Zeitungsmeldungen, Statistiken, Sudokus, Kunstwerke …

Eine besonders anregende und spannende Möglichkeit, sich mit Mathematik auf unterschiedlichstem Schwierigkeitsgrad zu befassen und ein Gespür für die Reichhaltigkeit dieser Disziplin zu bekommen, bieten die Bilder von Eugen Jost, die in diesem Buch vorgestellt werden. Lassen Sie sich auf das Erlebnis Mathematik ein, lassen Sie sich durch die Texte anregen, eigene mathematische Wege zu gehen.

http://www.mathematik-und-kunst.de

Künstler, Autoren und Sponsoren

Eugen Jost

Eugen Jost, geboren 1950 in Zürich, absolvierte nach einer Berufslehre und der Eidgenössischen Matura eine Lehrerausbildung. Jost hat sich viele Jahre in den Bereichen Keramik und manuelle Drucktechniken weitergebildet, unter anderem an der Schule für Gestaltung in Bern und in privaten Ateliers.
Seit den frühen Neunzigerjahren veranstaltete er unzählige Einzel- und Gruppenausstellungen. Zu seinen bevorzugten Techniken gehört neben Acryl auf Leinwand und Dispersion auf Mauer auch die Serigraphie.
Formal und inhaltlich sind Josts Arbeiten anzusiedeln zwischen visueller und konkreter Poesie und Kunst.

> *„Jost verbindet in seinen Bildern verschiedene Zeichensysteme, wobei er mit ihren unterschiedlichen formalen Prinzipien spielt: Mit den Formen, Farben und Linien der Bildsprache, mit der Poesie und Mehrdeutigkeit der natürlichen Sprache und mit der zwischen Chaos und strenger Ordnung angesiedelten Aesthetik der Symmetrien, Proportionen und Zahlenstrukturen der Mathematik."*
>
> E. Röthlisberger

Einzelne von Josts Bildern sind frei und verspielt, andere folgen klaren, strengen Gesetzen. Allen Bildern ist gemeinsam: Sie enthalten ein oder mehrere Rätsel. Das gilt auch für Josts konkrete Gedichte, die Sprache und Mathematik verbinden; einige davon wurden publiziert in:
Eugen Jost, 1/eins, ISBN 3-906729-31-1

1	2	3	4	5
11	12	13	14	15
21	1112	1113	1114	1115
1112	3112	3113	3114	3115
3112	211213	2123	211314	211315
211213	312213	112213	31121314	31121315
312213	212223	312213	41122314	41122315
212223	114213	212223	31221324	3122131415
114213	31121314	114213	21322314	4122231415
31121314	41122314	31121314	21322314	3132132415
41122314	31221324	41122314	21322314	3122331415
31221324	21322314	31221324	21322314	3122331415
21322314	21322314	21322314	21322314	3122331415
21322314	21322314	21322314	21322314	3122331415
21322314	21322314	21322314	21322314	3122331415
21322314	21322314	21322314	21322314	3122331415
21322314	21322314	21322314	21322314	3122331415

Eugen Jost unterrichtet in Matten bei Interlaken, er wohnt und malt in Thun.

Peter Baptist

Peter Baptist, geboren 1948 in Bad Kissingen, studierte Mathematik und Physik. Diplom in Mathematik, Promotion und Habilitation erfolgten an der Universität Würzburg.
Nach dem Schuldienst am Gymnasium in Bayreuth und an der Gesamtschule in Hollfeld war er als Professor an der Universität Erlangen und an der Technischen Universität Dresden tätig. Seit 1994 ist er Inhaber des Lehrstuhls für Mathematik und ihre Didaktik an der Universität Bayreuth. Seine bisherigen Arbeitsgebiete sind: Optimierungstheorie, Elementargeometrie, Geschichte der Mathematik, Lehren und Lernen von Mathematik, Dynamische Arbeitsblätter sowie Lernumgebungen und die Mathematiksoftware GEONExT. Er leitete u. a. den Bereich Mathematik in den bundesweiten BLK-Modellversuchen SINUS und SINUS-Transfer.

Albrecht Beutelspacher

Albrecht Beutelspacher, geboren 1950 in Tübingen, studierte Mathematik, Physik und Philosophie. Danach war er wissenschaftlicher Mitarbeiter und Professor an der Universität Mainz, zwischen 1985 und 1988 bei der Siemens AG in München, dort beteiligt an der Entwicklung der Telefonkarte. Seit 1988 ist er Professor für Geometrie und Diskrete Mathematik an der Universität Gießen. Er entwickelte eine neue Prüfziffer für Banknoten und ist Initiator des ersten mathematischen Mitmachmuseums, das 2002 in Gießen eröffnet wurde. Er ist Autor zahlreicher Bücher, darunter *In Mathematik war ich immer schlecht* und *Pasta all'infinito*.

THINK ING.

Der Arbeitgeberverband Gesamtmetall engagiert sich im Rahmen der Initiative THINK ING. seit vielen Jahren in der Förderung von Mathematik, Naturwissenschaften und Technik in der Schule.
Dabei fördert Gesamtmetall unter anderem seit 2001 die Mathematikwettbewerbe und Schülerakademien in NRW und war alleiniger Sponsor der Bundesrunde 2004 der Mathematikolympiaden.
Im Jahr der Mathematik 2008 gehören Lehrerfortbildungen und Abiturienten-Workshops sowie der Kunstkalender „Alles ist Zahl", die gleichnamige bundesweite Wanderausstellung und das zugehörige Buch zu den geförderten Projekten.

www.think-ing.de

Z-MNU UNIVERSITÄT BAYREUTH

Das Zentrum zur Förderung des mathematisch-naturwissenschaftlichen Unterrichts der Universität Bayreuth (Z-MNU) engagiert sich in der Fort- und Weiterbildung von Lehrkräften und führt Forschungsprojekte in Kooperation mit entsprechenden Fachwissenschaften durch.
Zu den Aufgaben gehören die inhaltliche und technische Weiterentwicklung sowie die Bewertung des Einsatzes von dynamischer Unterrichtssoftware bei Lehr- und Lernprozessen.

www.z-mnu.de

hardys taxi

"Beauty is the first test: there is no permanent place in the world for ugly mathematics."

Godfrey Harold Hardy (1877 – 1947) ein brillanter Mathematiker und Exzentriker

Wüste Ziffern, schöne Zahlen – einige Beispiele:

- Dreieckszahlen:
  1, 3, 6, 10, 15, …

- Quadratzahlen:
  1, 4, 9, 16, 25, …

- Vollkommene Zahlen:
  6, 28, 496, 8128, …
  Eine Zahl heißt vollkommen, wenn die Summe der echten Teiler die Zahl ergibt.
  Echte Teiler der Zahl 6: 1, 2, 3; $1 + 2 + 3 = 6$

- Fibonacci-Zahlen:
  1, 1, 2, 3, 5, 8, 13, …
  $1 + 1 = 2$; $1 + 2 = 3$; $2 + 3 = 5$;
  Erkennen Sie das Muster, das dieser Zahlenfolge zugrunde liegt?

- 1729 ist die kleinste Zahl, die sich auf zwei verschiedene Weisen als Summe zweier Kuben (=dritte Potenzen) darstellen lässt.

- 10213223 – eine Zahl, die sich selbst beschreibt:
  „Eine Null, zwei Einsen, drei Zweier, zwei Dreier."

- forty:
  Die Buchstaben in diesem Zahlwort sind in der Reihenfolge des Alphabets. Kennen Sie entsprechende deutsche Zahlwörter?

Hardys Taxi

© Eugen Jost, CH-3604 Thun
Acryl auf Leinwand, 60 cm x 60 cm

"A mathematician, like a painter or a poet, is a maker of patterns. If his patterns are more permanent than theirs, it is because they are made with ideas. ... The mathematician's patterns, like the painter's or poet's, must be beautiful; the ideas, like the colours or the words, must fit together in a harmonious way. Beauty is the first test: there is no permanent place in the world for ugly mathematics. ..."

Greifen wir den letzten Satz des Zitats auf: „Schönheit ist das wichtigste Kriterium: Es gibt keinen dauerhaften Platz in der Welt für hässliche Mathematik." Diese Feststellung des „Taxi-Fahrers" Godfrey Harold Hardy (1877–1947) eignet sich hervorragend als Leitmotiv für die Bilder Eugen Josts, aber auch für die angesprochenen mathematischen Themen. Hiermit wird deutlich gemacht, dass ästhetische Kriterien in der Mathematik sich nicht nur auf geometrische Formen und Muster beziehen, sondern auch auf gedankliche Strukturen.

Wer ist nun dieser G. H. Hardy? Er lässt sich folgendermaßen prägnant charakterisieren: Ein brillanter, äußerst produktiver Mathematiker und – ein Exzentriker. Er kokettierte u. a. damit, dass er in seinem Leben nie etwas Nützliches gemacht habe. Was natürlich so überhaupt nicht stimmt.

Von seinen Zeitgenossen wird er als Schönling beschrieben. Er hasste es aber, sich selbst zu sehen. Daher gab es in seiner Wohnung keine Spiegel. Er rasierte sich zeitlebens „blind". In Hotelzimmern verhängte er als erstes die Spiegel mit Handtüchern.

Hardys Arbeitsgebiet war die Zahlentheorie. Bereits als Kind zerlegte er in der Kirche die Liednummern in ihre Primfaktoren. Das Thema *Primzahlen* beschäftigte ihn dann sein Leben lang, insbesondere interessierte er sich für die Verteilung dieser Zahlen innerhalb der natürlichen Zahlen. In diesem Zusammenhang befasste er sich intensiv mit der bis heute noch nicht bewiesenen *Riemannschen Vermutung*, der zufolge die Primzahlen in ihrem Auftreten innerhalb der natürlichen Zahlen denselben Gesetzen folgen wie Zufallsereignisse.

Zu den großen Verdiensten Hardys gehört auch, dass er den genialen indischen Mathematiker Srinivasa Ramanujan (1887–1920), der nie eine formale mathematische Ausbildung erhalten hatte, nach Cambridge holte. Menschlich fanden beide leider nie zueinander. Ramanujan fühlte sich in England überhaupt nicht wohl, er litt unter dem Klima und der ungewohnten Ernährung. Wegen des Ersten Weltkriegs konnte er viele Jahre nicht in seine Heimat zurückkehren.

Die mathematischen Diskussionen der beiden waren dagegen mehr als anregend und gewinnbringend. Das unkonventionelle, fantastische indische Mathematikwunder prallte auf die logisch strukturierte, scharf denkende westliche Gedankenwelt. Spannend nachzulesen in dem Buch *Der das Unendliche kannte*.

Mathematische Ergebnisse sprudelten aus Ramanujan geradezu heraus, wie folgendes Beispiel illustriert. Bei einem Besuch bei dem kranken indischen Gast konnte Hardy seine Anteilnahme nicht zum Ausdruck bringen. Um irgendetwas zu sagen, erwähnte er, dass die Nummer des Taxis, mit dem er gekommen war, nämlich 1729, eine ziemlich uninteressante Zahl sei. Doch Ramanujan entgegnete: „Nein, nein Hardy, das stimmt nicht. 1729 ist eine sehr interessante Zahl. Es ist die kleinste Zahl, die sich auf zwei verschiedene Weisen als Summe zweier Kuben schreiben lässt.“ ($1729 = 1^3 + 12^3 = 10^3 + 9^3$) Diese Anekdote führt uns zu einem bis heute noch nicht vollständig gelösten Problem. Es geht hier um die Frage: Welche natürlichen Zahlen lassen sich als Summe von dritten Potenzen (also Kuben) zweier ganzer Zahlen oder zweier Brüche schreiben?

Über den Taxifahrer dürfen wir aber nicht die zahlreichen Fahrgäste vergessen. Bei Hardy kommen als Insassen des Taxis natürlich nur Zahlen in Betracht, und zwar Zahlen mit besonderen Eigenschaften bzw. besondere Zahlenfolgen. Einige sind in Eugen Josts Bild sehr deutlich zu erkennen, andere verstecken sich etwas. Wir greifen einige wenige heraus: Natürliche Zahlen, Quadratzahlen, Dreieckszahlen, Fibonacci-Zahlen, Zweierpotenzen, römische Zahlzeichen, Fingerzahlen usw.

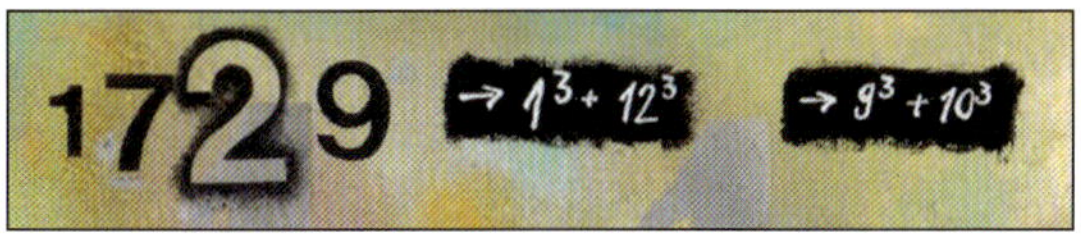

Links oben im Bild finden wir die Nummer des Taxis, nämlich die 1729, mit der eben erwähnten Zerlegung. Daneben sehen wir die Zahlen:

Zur Erläuterung dieser Zahlenfolge müssen wir etwas weiter ausholen. Wenn wir den Namen Pythagoras hören, denken wir zunächst an den nach ihm benannten Lehrsatz, also an die Konfiguration aus dem rechtwinkligen Dreieck mit Quadraten über den Seiten. Wir verbinden Pythagoras mit einer Aussage aus der Geometrie. Der Name Pythagoras galt aber jahrhundertelang als Synonym für Arithmetik. „Alles ist Zahl“ lautete das Credo der Pythagoreer, das wir für dieses Buch übernommen haben. Wie sah bei den Pythagoreern die Beschäftigung mit Zahlen aus? Sie befassten sich mit geraden und ungeraden Zahlen. Sie versuchten

Zahlen in ihre Teile zu zerlegen. In unserer heutigen Terminologie bedeutet das die Bestimmung der Teiler einer Zahl. So entdeckten sie Zahlen, die sich nicht zerlegen lassen, nämlich die sog. Primzahlen. Hier gibt es nur die beiden trivialen Teiler 1 und die Zahl selbst. Alle anderen Zahlen haben mehr als zwei Teiler und heißen zusammengesetzt. Irgendwann kam jemand auf die Idee, alle echten Teiler einer Zahl, das sind alle Teiler außer der Zahl selbst, zusammenzuzählen. Betrachten wir einige Beispiele:

Echte Teiler von 8:	1, 2, 4;	$1+2+4=7<8$.
Echte Teiler von 15:	1, 3, 5;	$1+3+5=9<15$.
Echte Teiler von 12:	1, 2, 3, 4, 6;	$1+2+3+4+6=16>12$.

Unsere Beispiele zeigen: Die Summe der echten Teiler kann größer oder kleiner als die Zahl sein. Es gibt aber auch Zahlen, die mit der Summe ihrer echten Teiler übereinstimmen, wie z. B. die Zahl 6 ($1+2+3=6$). Solche Zahlen nannten die Pythagoreer *vollkommen*.
In der Antike, aber auch noch im Mittelalter, schrieb man Zahlen eine mystische Bedeutung zu. Dies galt natürlich auch für die vollkommenen Zahlen. Der heilige Augustinus (354–430) stellte fest:

> *„6 ist eine vollkommene Zahl in sich selbst und nicht etwa, weil Gott alle Dinge in 6 Tagen geschaffen hat; vielmehr ist das Umgekehrte wahr: Gott schuf alle Dinge in 6 Tagen, weil diese Zahl vollkommen ist."*

Die nächsten vollkommenen Zahlen nach der 6 sind die Zahlen 28, 496 und 8128. Diesen Kenntnisstand hatten bereits griechische Gelehrte in der Spätantike, wie Nikomachos von Gerasa (ca. 130 n. Chr.) und Jamblichos von Chalkis (ca. 250–330). Weitere vollkommene Zahlen wurden anscheinend nicht berechnet, obwohl im neunten Buch der *Elemente* des Euklid ein Verfahren zur Erzeugung dieser Zahlen beschrieben und bewiesen wird; und dieses grundlegende Werk stammt aus der Zeit um 300 v. Chr., also etwa 600 Jahre vor Jamblichos.
Die vier konkret vorliegenden vollkommenen Zahlen verführten Jamblichos zu diversen Spekulationen:

- Zu jeder Anzahl von Ziffern gibt es genau eine vollkommene Zahl.

- Alle vollkommenen Zahlen enden auf 6 oder 8, wobei 6 und 8 sich abwechseln.

Schauen wir uns die nächsten vollkommenen Zahlen an:

$$
\begin{aligned}
33\,550\,336\\
8\,589\,869\,056\\
37\,438\,691\,328
\end{aligned}
$$

Dumm gelaufen für Jamblichos. Mit seinen Spekulationen liegt er total daneben. Die fünfte vollkommene Zahl besteht bereits aus 8 Ziffern. Bislang sind zwar nur vollkommene Zahlen bekannt, die auf 6 oder 8 enden, aber die Abfolge der Einerstelle wechselt nicht jedes Mal. Die fünfte und sechste Zahl enden beispielsweise jeweils auf 6. Was lernen wir daraus? Nie zu früh verallgemeinern!

Bereits das Auffinden der fünften, sechsten oder gar der siebten vollkommenen Zahl allein durch Ausprobieren erweist sich als sehr mühsam. Die Zahlen sind doch schon ziemlich groß.

Wir suchen daher nach einer effizienteren Methode. Um eine solche zu finden, bestimmen wir zunächst weitere Eigenschaften der bekannten vollkommenen Zahlen. Wir spielen Hardy in der Kirche, aber statt der Liednummern zerlegen wir die vier ersten noch „handlichen" vollkommenen Zahlen in Primfaktoren.

$$
\begin{aligned}
6 &= 2 \cdot 3\\
28 &= 2^2 \cdot 7\\
496 &= 2^4 \cdot 31\\
8128 &= 2^6 \cdot 127
\end{aligned}
$$

Jede der Zahlen lässt sich somit als Produkt einer Zweierpotenz und einer weiteren Primzahl darstellen. Die hier auftretenden Primzahlen hängen wiederum eng mit Zweierpotenzen zusammen.

Es gilt nämlich:

$$
\begin{aligned}
3 &= 2^2 - 1\\
7 &= 2^3 - 1\\
31 &= 2^5 - 1\\
127 &= 2^7 - 1
\end{aligned}
$$

Damit erhalten wir insgesamt folgende Zerlegung:

$$
\begin{aligned}
6 &= 2^1(2^2 - 1)\\
28 &= 2^2(2^3 - 1)\\
496 &= 2^4(2^5 - 1)\\
8128 &= 2^6(2^7 - 1)
\end{aligned}
$$

Das Zerlegen in die Primfaktoren offenbart das gemeinsame Muster. Dieses lässt sich allgemein formulieren, und wir gelangen zu folgender Vermutung:

> Ist $2^m - 1$, $m > 1$, eine Primzahl,
> dann ist $2^{m-1}(2^m - 1)$ eine vollkommene Zahl.

Mit dieser Vermutung haben wir uns nicht verspekuliert wie Jamblichos. Diese Aussage und der zugehörige Beweis sind schon seit über 2000 Jahren bekannt. Sie finden sich bereits in den *Elementen* des Euklid. Einige Bemerkungen zu vollkommenen Zahlen:

- Es gibt anscheinend nicht besonders viele vollkommene Zahlen. Bislang sind nicht einmal 50 bekannt. Zahlen sind offensichtlich auch nicht besser als Menschen! Aber kennen Sie 50 vollkommene Menschen?

- Alle bisher bekannten vollkommenen Zahlen sind gerade und enden auf 6 oder 8.

- Die geraden vollkommenen Zahlen sind Dreieckszahlen.

- Die Summe der Kehrwerte der Teiler einer vollkommenen Zahl ergibt stets 2.
  Beispiel: Teiler von 28: 1, 2, 4, 7, 14, 28
  $$1 + 2 + 4 + 7 + 14 + 28 = 56$$
  $$\frac{1}{28} + \frac{1}{14} + \frac{1}{7} + \frac{1}{4} + \frac{1}{2} + 1 = 2$$

- Auch hier treten Kuben (dritte Potenzen) auf, denen wir schon bei der Zerlegung der Nummer des Taxis begegneten. Denn jede vollkommene Zahl (> 6) ist die Summe aufeinanderfolgender ungerader dritter Potenzen.
  Zwei Beispiele:
  $$28 = 1^3 + 3^3$$
  $$496 = 1^3 + 3^3 + 5^3 + 7^3$$

  Bilden Sie die entsprechende Summe für die nächsten beiden vollkommenen Zahlen. Entdecken Sie ein Muster?

Von Martin Gardner, dem Autor der mathematischen Kolumne im *Scientific American*, stammt die Feststellung:

> *"One would be hard put to find a set of whole numbers with a more fascinating history and more elegant properties, surrounded by greater depths of mystery – and more totally useless – than the perfect numbers."*

Perfect numbers, das sind die vollkommenen Zahlen. Man erhält sie übrigens als „Nebenprodukt" bei der Erzeugung großer Primzahlen. Hierzu untersucht man Zahlen der Form $2^m - 1$, sog. Mersenne-Zahlen. Benannt sind sie nach dem französischen Minoritenpater Marin Mersenne (1588–1648), der eine provokante, aber nur teilweise richtige Aussage über deren Primzahleigenschaft machte. Bei der Jagd nach großen Primzahlen testet man Mersenne-Zahlen auf ihre Primzahleigenschaft. Und mit jeder neuen Mersenne-Primzahl erhält man mit Hilfe des obigen Ergebnisses von Euklid eine neue vollkommene Zahl. Die aktuellsten Informationen zu diesem Thema finden Sie im Internet unter der Adresse

http://www.utm.edu/research/primes/largest.html

In „Hardys Taxi" lassen sich viele besondere Zahlen und andere Besonderheiten entdecken.
Versuchen Sie es einmal mit: 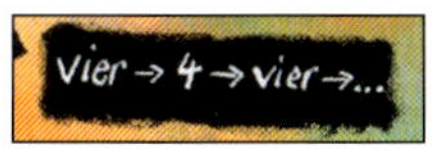

Hinter dieser Botschaft steckt folgendes Spiel:

Man nehme eine beliebige natürliche Zahl, z.B. 1948,
und schreibe sie als Wort:
Eintausendneunhundertachtundvierzig.
Dann zählt man die Buchstaben dieses Wortes: 35.
Diese Zahl wird wieder als Wort geschrieben:
Fünfunddreißig.
Zähle wiederum die Buchstaben: 14,
und schreibe sie als Wort: Vierzehn.
Zählen der Buchstaben ergibt: 8,
als Wort: Acht.
Anzahl der Buchstaben: 4,
als Wort: Vier → 4 → vier → 4 → …

Funktioniert das immer? D. h. gelangen wir von jeder natürlichen Zahl irgendwann in die Viererschleife und warum?

Literatur zum Thema

- Basieux, Pierre: Die Top Ten der schönsten mathematischen Sätze. Rowohlt-Verlag 2000
- Basieux, Pierre: Die Top Seven der mathematischen Vermutungen. Rowohlt-Verlag 2004
- Kanigel, Robert: Der das Unendliche kannte. Das Leben des genialen Mathematikers Srinivasa Ramanujan. Vieweg-Verlag 1993

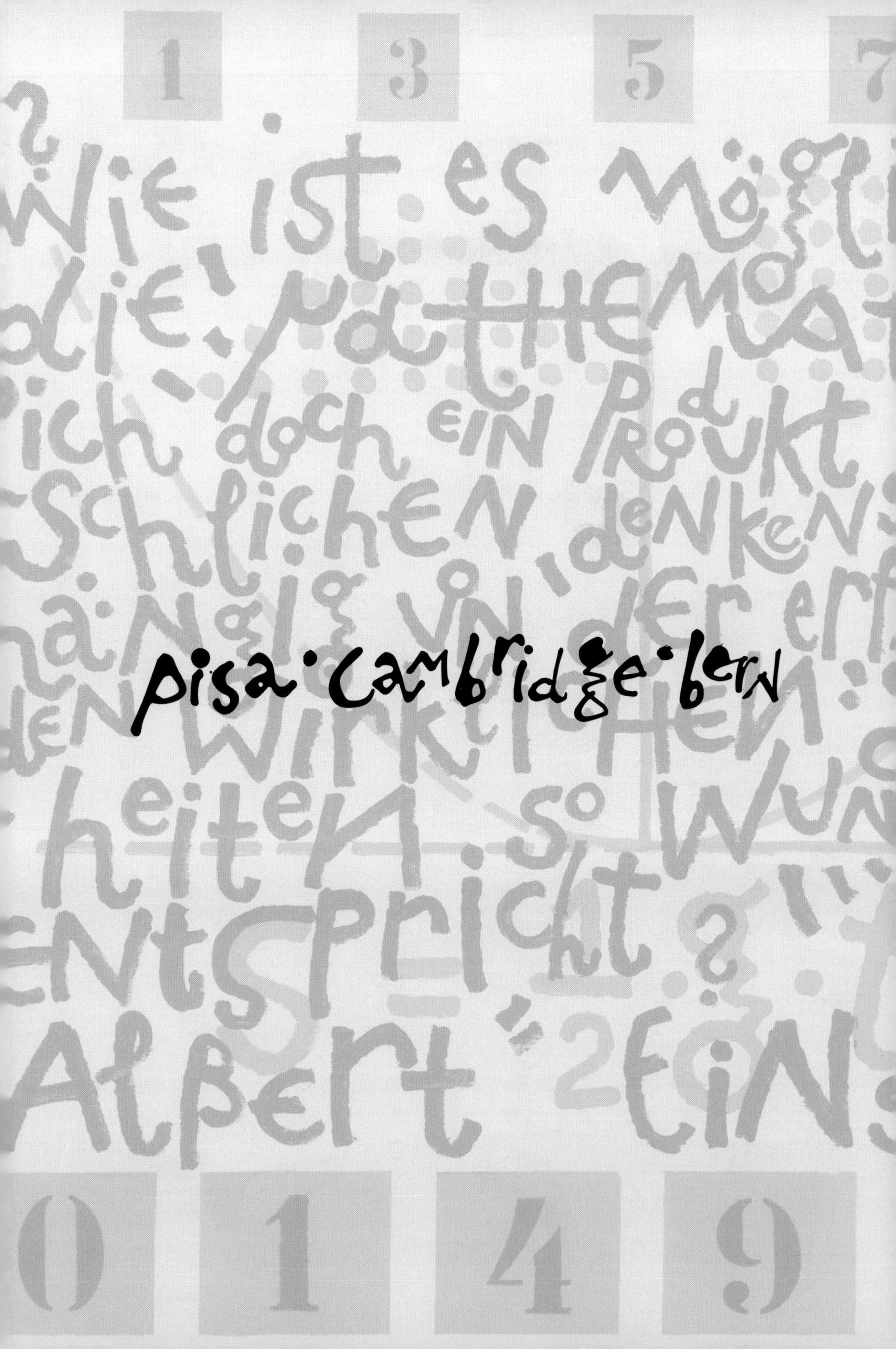

pisa · cambridge · bern

Fallgesetz – Experimente und Beobachtungen
Galileo Galilei (1564–1642)

Fallgesetz – Präzise Formulierung
Isaac Newton (1642–1727)

„Wie ist es möglich, dass die Mathematik, letztlich doch ein Produkt des menschlichen Denkens, unabhängig von der Erfahrung, den wirklichen Gegebenheiten so wunderbar entspricht?"
Albert Einstein (1879–1955)

$1 + 3 = 4 = 2^2$
$1 + 3 + 5 = 9 = 3^2$
$1 + 3 + 5 + 7 = 16 = 4^2$
$1 + 3 + 5 + 7 + 9 = 25 = 5^2$
$1 + 3 + 5 + 7 + 9 + 11 = \ldots$
$\ldots$

Pisa, Cambridge, Bern

© Eugen Jost, CH-3604 Thun
Acryl auf Leinwand, 60 cm x 60 cm

Wie lautet die nächste Zahl?

Wenn man sich darüber klar ist, wie diese Folge weitergeht, sagt man:

> *Zuerst „plus 3" ($1 + 3 = 4$), dann „plus 5" ($4 + 5 = 9$), dann „plus 7" ($9 + 7 = 16$). Also muss man jeweils die nächste ungerade Zahl addieren. Als nächste Zahl ergibt sich daher $16 + 9 = 25$, und dann kommt $25 + 11 = 36$ und so weiter.*

Eine ganz andere Beschreibung dieser Zahlen ist die als *Quadratzahlen*: $1 = 1 \cdot 1 = 1^2$, $4 = 2 \cdot 2 = 2^2$, $9 = 3 \cdot 3 = 3^2$, $16 = 4 \cdot 4 = 4^2$. Und auch hier ist klar, wie die nächste Zahl lautet: $5 \cdot 5 = 5^2 = 25$.

Zahlen aus Steinen

Die Quadratzahlen wurden, wie viele andere Typen von Zahlen, zunächst von der Schule des Pythagoras (ca. 500 v. Chr.) untersucht. Die Pythagoreer interessierten sich für Eigenschaften von Zahlen: Sie unterschieden gerade und ungerade Zahlen, sie definierten Dreiecks- und Quadratzahlen und betrachteten auch Primzahlen. All dies sind Aspekte von Zahlen, die bei der täglichen Anwendung im praktischen kaufmännischen Bereich keine Bedeutung hatten. Die Pythagoreer untersuchten diese Eigenschaften, weil diese „an sich" interessant sind.
Die Pythagoreer stellten sich Zahlen auch als Muster vor, die man zum Beispiel mit Steinen legen kann. Quadratzahlen sind solche Zahlen, die man als Quadrat darstellen kann.

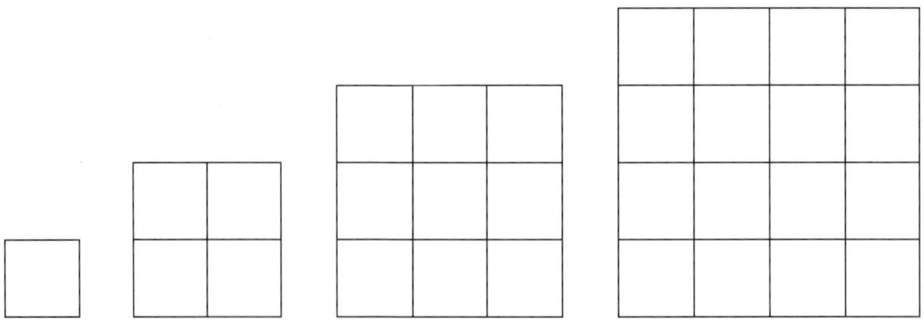

An dieser Abbildung sieht man besonders schön, wie man von einer Quadratzahl zur nächsten kommt. Von einem Quadrat ausgehend, konstruiert man das folgende, indem man oben eine Zeile, rechts eine

Spalte und dann noch im rechten oberen Eck einen Stein hinzufügt. Man legt gleichsam einen „Winkelhaken" um die jeweilige Quadratzahl. Da eine Zeile und eine Spalte gleich viele Steine enthalten, wird insgesamt immer eine ungerade Zahl von Steinen hinzugefügt.

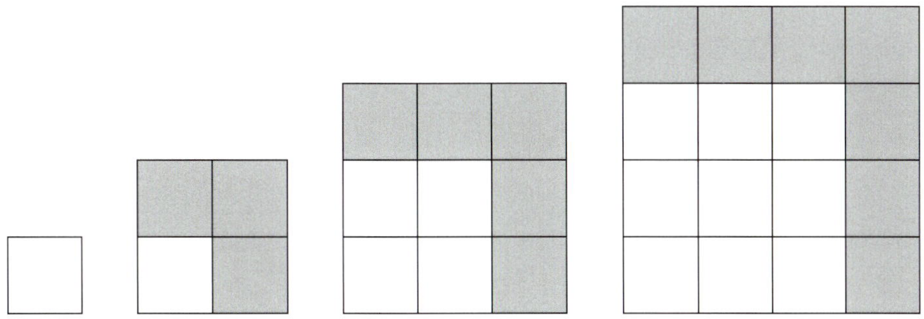

Zum 1 x 1-Quadrat muss man drei Steine hinzufügen, zum 2 x 2-Quadrat muss man fünf Steine hinzufügen usw.
Allgemein gesagt, lautet die Regel:

> *Wenn man zur n-ten Quadratzahl die (n + 1)-te ungerade Zahl addiert, erhält man die (n + 1)-te Quadratzahl.*

Dies kann man auch in Formeln ausdrücken:

> *Die n-te Quadratzahl ist n^2, die (n + 1)-te ist entsprechend $(n+1)^2$.*

Bei den ungeraden Zahlen müssen wir ein bisschen genauer hinsehen. Die erste ist 1, die zweite 3 $(= 2 \cdot 2 - 1)$, die dritte ist 5 $(= 2 \cdot 3 - 1)$, die vierte ist 7 $(= 2 \cdot 4 - 1)$, und spätestens jetzt erkennen wir das Schema: Die n-te ungerade Zahl ist $2n - 1$, und die (n + 1)-te ist

$$2 \cdot (n+1) - 1 = 2n + 1.$$

Wenn man obige Erkenntnis in einer Formel zusammenfasst, lautet sie:

$$n^2 + (2n+1) = (n+1)^2.$$

Für die Zahl 5 gilt demnach: $4^2 + (2 \cdot 4 + 1) = 5^2$.

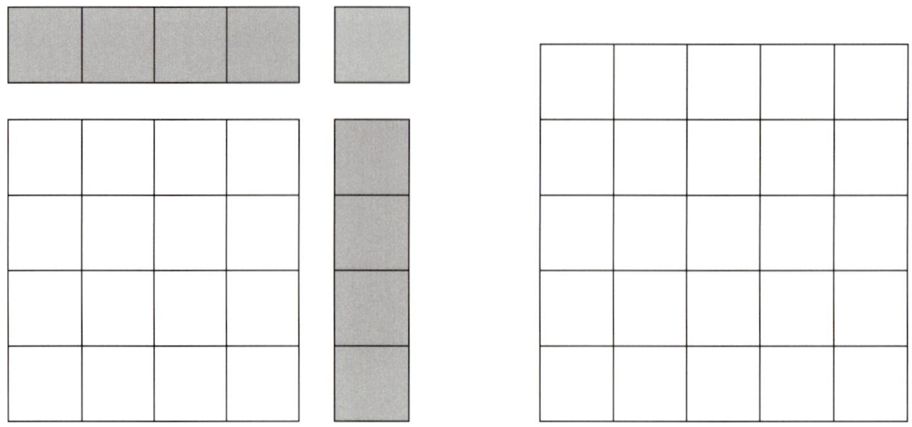

Man hätte das natürlich auch leicht von rechts nach links ausrechnen können, indem man die binomische Formel anwendet, aber so haben wir gesehen, was diese Gleichung bedeutet!

Die Quadratzahlen erhält man durch die Addition aufeinanderfolgender ungerader Zahlen. Natürlich liegt es jetzt nahe, danach zu fragen, welche Art von Zahlen man bekommt, wenn man nacheinander aufeinanderfolgende gerade Zahlen addiert. Wir beginnen mit der kleinsten geraden Zahl und wenden wieder die Methode mit dem „Winkelhaken" an.

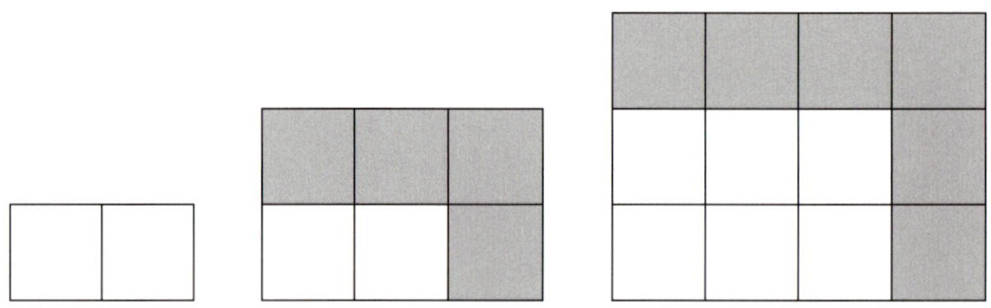

$2 \qquad 2+4=6 \qquad 2+4+6=12$

Das Muster ist klar ersichtlich, wir gelangen zu den sog. *Rechteckszahlen*:

$$2, 6, 12, 20, 30, \ldots$$

Quadratzahlen und die Unendlichkeit

Eine der wichtigsten Entdeckungen Galileo Galileis (1564–1642) sind die Fallgesetze. Durch präzise Experimente fand er heraus, dass die zurückgelegte Strecke eines fallenden Körpers proportional zum Quadrat der Fallzeit ist. Das bedeutet, dass ein Körper in der doppelten Zeit die vierfache Strecke fällt.

In endgültiger quantitativer Form wurde das Fallgesetz dann von Isaac Newton (1643–1727) formuliert: Die Strecke, die ein fallender Körper nach der Zeit t zurückgelegt hat, ist $\frac{1}{2}gt^2$, wobei g die Fallbeschleunigung durch die Erdanziehung ist.

Das Fallgesetz ist eines der zahlreichen Beispiele, die zeigen, dass sich Vorgänge in der Natur mathematisch beschreiben lassen. Albert Einstein (1879–1955) konnte sich darüber wundern. Dies lässt jedenfalls das auf dem Bild wiedergegebene Zitat vermuten:

> *„Wie ist es möglich, dass die Mathematik, letztendlich doch ein Produkt des menschlichen Denkens, unabhängig von der Erfahrung, den wirklichen Gegebenheiten so wunderbar entspricht?“*

Eine treffende Antwort auf diese Frage und damit den Grund für diese wunderbare Entsprechung nennt Galileo Galilei: *„Das Buch der Natur ist mit mathematischen Symbolen geschrieben.“* So einfach kann eine Erklärung sein!

Galileo Galilei hat sich auch unabhängig von den Fallgesetzen mit den Quadratzahlen beschäftigt und machte dabei folgende Beobachtung: Wenn man unter jede natürliche Zahl die zugehörige Quadratzahl schreibt, dann hat man den Eindruck, dass die „Anzahl“ der natürlichen Zahlen gleich der „Anzahl“ der Quadratzahlen ist, da es eine eindeutige Zuordnung gibt.

1 2 3 4 5 …

…

Andererseits ist es „offensichtlich“, dass es weniger Quadratzahlen als natürliche Zahlen gibt.

Galilei konnte dieses Paradoxon nur konstatieren. Aufgearbeitet wurde es erst von Georg Cantor (1845–1918), dem Begründer der Mengenlehre. In der Mengenlehre geht es genau darum, unendliche Mengen zu vergleichen. In der Sprache Cantors sind die Menge der natürlichen Zahlen und die Menge der Quadratzahlen *gleichmächtig*, obwohl die Menge der Quadratzahlen eine echte Teilmenge der natürlichen Zahlen ist. Dieses Phänomen ist charakteristisch für unendliche Mengen. Wir begegnen ihm nochmals in den Erläuterungen zum Bild „Unendlich“.

Reziproke Quadratzahlen

In der Frühzeit der Entwicklung der Infinitesimalrechnung spielte die Summe der reziproken Quadratzahlen eine wichtige Rolle. Es handelt sich um folgenden Ausdruck:

$$\frac{1}{1}+\frac{1}{4}+\frac{1}{9}+\frac{1}{16}+\ldots+\frac{1}{n^2}+\ldots=\sum_{k=1}^{\infty}\frac{1}{k^2}$$

Dabei ist der Term auf der rechten Seite nur eine Abkürzung für das, was links steht.
Die Grundfrage war, ob sich die Summen, die beim schrittweisen Addieren der reziproken Quadratzahlen entstehen, „stabilisieren“ oder ob diese Summen über alle Grenzen wachsen. Mit dem Fachausdruck fragen wir, ob diese unendliche Reihe *konvergiert*.
Jakob Bernoulli (1655–1705) hat in seiner Dissertation in Basel zahlreiche unendliche Reihen behandelt und deren Grenzwert bestimmt. An der Reihe der reziproken Quadratzahlen ist er jedoch gescheitert. Er konnte zwar nachweisen, dass diese Reihe konvergiert, indem er die Konvergenz dieser Reihe auf die einer anderen zurückführte. Er konnte auch zeigen, dass der Grenzwert kleiner als 2 ist, aber welchen Wert er exakt hat, blieb ihm verborgen. Dieses Problem wurde als das *Basler Problem* bekannt.
Es war Leonhard Euler (1707–1783), einer der größten Mathematiker aller Zeiten, der 1736 in einem ausgesprochenen Geniestreich zeigte, dass die Summe der reziproken Quadratzahlen die Zahl $\frac{\pi^2}{6}$ $(=1{,}644\ldots)$ als Grenzwert hat.
Warum bei diesem Problem die Kreiszahl π $(=3{,}14159\ldots)$ auftaucht, muss für die damalige Zeit ein Rätsel gewesen sein. Aber es war die erste Ahnung von der *Riemannschen Zetafunktion*, die bis heute eine zentrale Rolle in der Mathematik spielt.

Literatur zum Thema

- Fölsing, Albrecht: Albert Einstein. suhrkamp taschenbuch 1995
- Fölsing, Albrecht: Galileo Galilei. Piper-Verlag 1989
- Fauvel, John u. a.: Newtons Werk. Die Begründung der modernen Naturwissenschaft. Birkhäuser-Verlag 1993
- Hoffmann, Dieter: Einsteins Berlin. Auf den Spuren eines Genies. Wiley-VCH-Verlag 2006
- Naess, Atle: Galileo Galilei. When the World Stood Still. Springer-Verlag 2005
- Schneider, Ivo: Isaac Newton. Verlag C. H. Beck 1988

ein spaziergang mit herrn euler

Leonhard Euler (1707–1783), einer der produktivsten Mathematiker und Naturforscher aller Zeiten, u. a. Begründer der Graphentheorie

Wer kennt nicht das Haus des Nikolaus?

Wie findet man in ein Labyrinth hinein und wieder hinaus?
Hier kann die „Rechte-Hand-Regel" helfen.

Gibt es einen Spaziergang in Königsberg, bei dem man genau einmal über jede der sieben Brücken geht?

Starte mit einem Springer von einem beliebigen Feld des Schachbretts. Ist es möglich, einen Weg so zu finden, dass jedes Feld genau einmal erreicht wird?

Ein Spaziergang mit Herrn Euler

© Eugen Jost, CH-3604 Thun
Acryl auf Leinwand, 60 cm x 60 cm

Nur selten kann man die Entstehung einer Wissenschaftsdisziplin so genau datieren wie bei der Graphentheorie. Im Jahre 1736 wurde dem Mathematiker Leonhard Euler, der damals am Hof von St. Petersburg beschäftigt war, folgendes Problem gestellt:
Durch die Stadt Königsberg fließt ein Fluss, der Pregel. Dieser teilt sich an einer Stelle und umfließt zwei Inseln. Beide sind untereinander und mit den Ufern durch Brücken verbunden. Von jedem Ufer führen jeweils zwei Brücken zur linken Insel, jeweils eine zur rechten; außerdem sind die beiden Inseln miteinander durch eine Brücke verbunden.

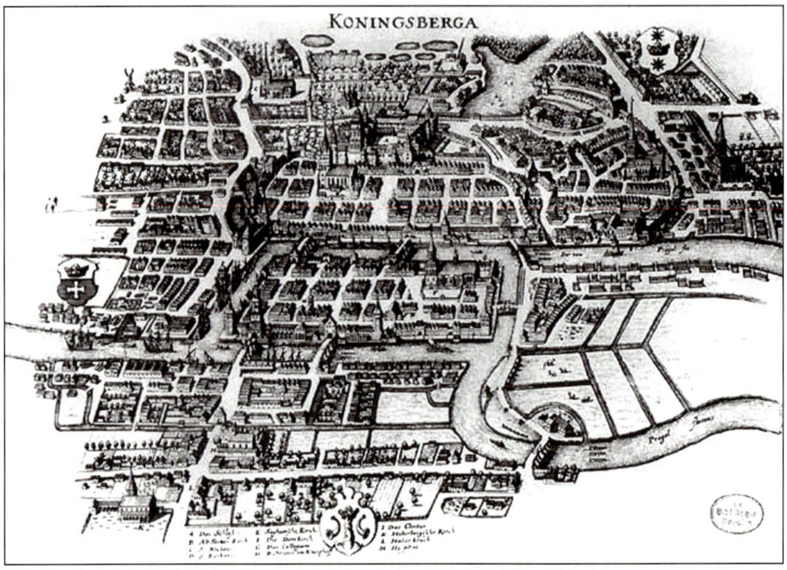

Die Frage war:

> *Ist es möglich, einen Spaziergang so zu organisieren, dass man dabei jede Brücke genau einmal überquert?*

Offenbar ist das Problem so schwierig, dass man glaubte, einen der berühmtesten Mathematiker damit beschäftigen zu können. Das ist einsichtig, denn man kann beliebig lang probieren, verliert den Überblick und weiß letztlich nicht, was man schon überprüft hat und was nicht. Die Mathematik hilft hier, da sie alle diese unübersehbar vielen Fälle auf einen Schlag lösen kann.
Leonhard Euler (1707–1783) war der richtige Mann für solche Probleme. Er hat die gesamte Mathematik seiner Zeit auf neue Beine gestellt: In Analysis, Zahlentheorie, Algebra und Geometrie hat er gleichermaßen richtungsweisende Beiträge in großer Zahl geliefert.
Euler enttäuschte die Erwartungen nicht. Zunächst konzentrierte er sich auf das Wesentliche des Problems: Es kommt nicht auf die Größe der Inseln an, nicht darauf, wie der Fluss heißt oder in welche Richtung er fließt. Entscheidend ist einzig und allein die Lage der Stadtteile, d. h. der Ufer und der Inseln zueinander; diese Lagebeziehungen werden

durch die Brücken gegeben. Damit konnte er auch das Problem auf beliebig viele Gebiete verallgemeinern, die durch irgendwelche Brücken verbunden sind.

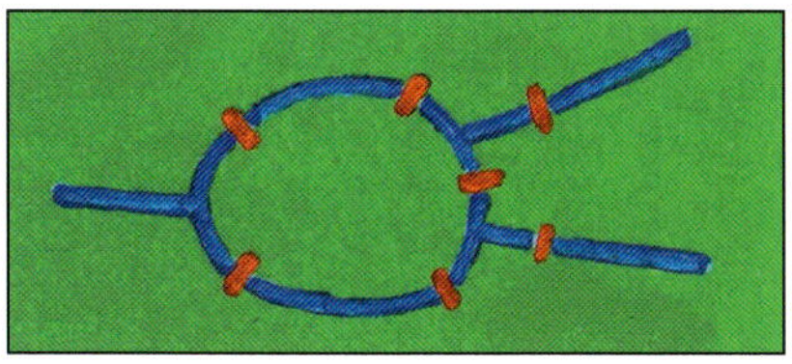

Verallgemeinerung ist kein Selbstzweck. Durch eine Verallgemeinerung erfasst man nicht nur mehr Fälle, in der Regel unendlich viele Fälle, sondern gewinnt vor allem Einsicht. Man erkennt das Problem an sich und erhält nicht nur Informationen über einen Einzelfall.

Der Satz, den Leonhard Euler im Jahre 1736 bewies, lautet: Wenn ein Spaziergang möglich ist, der jede Brücke genau einmal benutzt und wieder zum Ausgangspunkt zurückkehrt, dann müssen in jedem Stadtteil eine gerade Anzahl von Brücken enden.

Es kommt also nicht auf die tatsächliche Anzahl an, nicht darauf, ob diese groß oder klein ist, sondern nur darauf, ob alle auftretenden Zahlen gerade sind.

Das hat eine klare Konsequenz für das *Königsberger Brückenproblem*: Da auf beiden Ufern und auf der rechten Insel jeweils drei Brücken enden und auf der linken Insel fünf Brücken, kann es definitiv keinen gewünschten Spaziergang geben.

Der Beweis des Satzes ist recht anschaulich. Nehmen wir an, es gibt einen Stadtteil, in dem fünf Brücken enden. Zur Erinnerung: Jede der Brücken darf nur einmal überschritten werden. Über eine der Brücken gelangen wir in den betreffenden Stadtteil, über eine zweite verlassen wir ihn wieder. Das Ganze können wir mit zwei anderen Brücken wiederholen. Die fünfte Brücke ist noch „unbenutzt", über diese betreten wir ein drittes Mal diesen Stadtteil. Aber jetzt sind wir „gefangen", denn wir haben keine Möglichkeit mehr, ihn wieder zu verlassen. Entsprechend können wir für jede andere ungerade Zahl von Brücken argumentieren. D.h. ein Spaziergang, bei dem über jede Brücke einmal gegangen wird, ist nur realisierbar, wenn in jedem Stadtteil eine gerade Anzahl von Brücken endet.

Euler hat dieses Problem nicht nur gelöst, er hat dabei eine neue Methode entwickelt und eine neue Disziplin gegründet, nämlich die *Graphentheorie*. Man kann zu jeder Landkarte mit Gebieten und Brücken einen sogenannten *Graphen* bilden.

Dies geschieht dadurch, dass man jedem Gebiet (beim Königsberger Brückenproblem also den beiden Ufern und den beiden Inseln) eine *Ecke* (= Punkt oder Knoten) zuordnet und jede Brücke durch eine *Kante* darstellt.

Man erhält so den folgenden Graphen des Königsberger Brückenproblems:

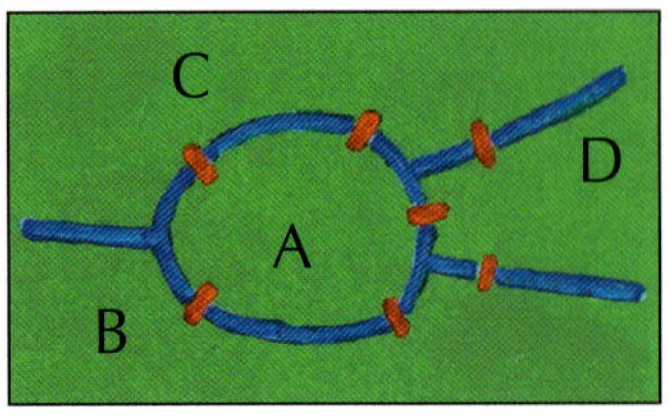

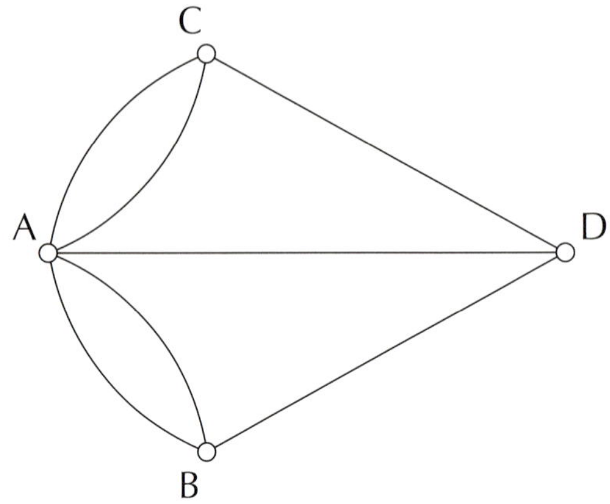

Nun kann man auch das Problem in die Sprache der Graphentheorie übersetzen: Sei G ein Graph, also ein System von Ecken und Kanten, wobei jede Kante zwei Ecken verbindet. Ein Graph heißt *eulersch*, wenn man seine Kanten so anordnen kann, dass eine Kante jeweils an die vorige angrenzt (und die letzte an die erste). Man spricht auch von einem *eulerschen Kreis*.

Mit anderen Worten: Ein Graph ist eulersch, wenn man seine Kanten in einem Zug zeichnen kann und am Ende wieder am Ausgangspunkt anlangt.

Ein Beispiel eines eulerschen Graphen ist der *vollständige Graph* mit fünf Ecken:

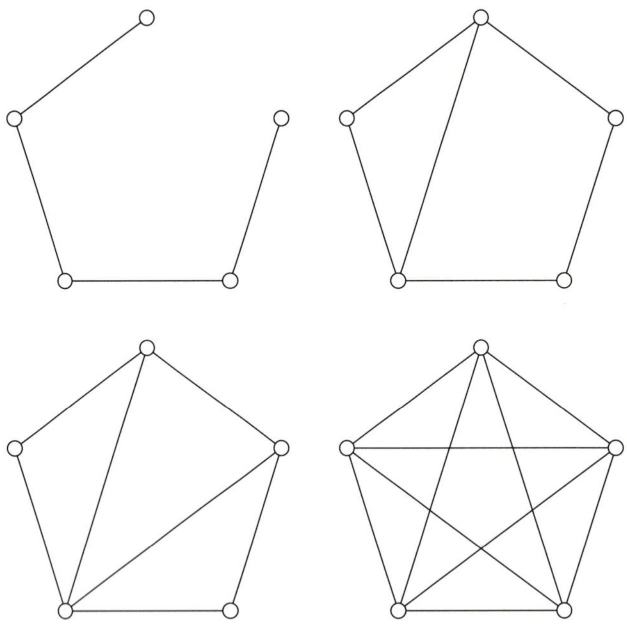

Offenbar entspricht ein eulerscher Kreis einem Spaziergang, der jede Brücke genau einmal überquert und bei dem man zum Ausgangspunkt zurückkehrt. Euler hat also bewiesen, dass ein Graph höchstens dann

eulersch ist, wenn von jeder seiner Ecken eine gerade Zahl von Kanten ausgeht. Daraus folgt dann, dass der Graph des Königsberger Brückenproblems nicht eulersch ist.
Ein Problem bleibt natürlich noch offen: Gilt auch die Umkehrung des Satzes von Euler? Das heißt: Wenn von jeder Ecke eine gerade Anzahl von Kanten ausgeht, ist der Graph dann eulersch? Zur Antwort muss man sicher auch noch voraussetzen, dass der Graph zusammenhängend ist, dass man also von jeder Ecke zu jeder anderen kommen kann. Das ist aber das Einzige, was man noch voraussetzen muss. Es gilt nun:

Jeder zusammenhängende Graph, bei dem von jeder Ecke eine gerade Anzahl von Kanten ausgeht, ist eulersch.

Dieser Satz ist wirklich nützlich. Denn man muss nur die Ecken der Reihe nach anschauen; wenn von jeder eine gerade Anzahl von Kanten ausgeht (und der Graph zusammenhängend ist), dann ist der gesamte Graph eulersch.
Es bleibt die Frage: Der Satz sagt nur, dass es einen *eulerschen Kreis* gibt, also eine Methode, den Graph in einem Zug zu zeichnen. Wie aber findet man diesen Kreis? Dazu verwendet man einen Algorithmus, den der jung verstorbene Mathematiker Carl Hierholzer (1840–1871) entdeckt hat. Im Grunde ist es ganz einfach: Man startet mit irgendeinem *Kreis*, das heißt einer Folge von Kanten, von denen jede an die vorige angrenzt und die letzte an die erste und jede Kante nur einmal gewählt wird. Wenn dieser Kreis schon alle Kanten enthält, ist dies ein eulerscher Kreis. Wenn nicht, findet man einen weiteren Kreis, der mit dem ersten Kreis eine Ecke gemein hat. Man kann die beiden Kreise zusammenfügen und erhält einen mit mehr Kanten. So macht man weiter, bis man alle Kanten erfasst hat.

Alle kennen „das Haus des Nikolaus“:

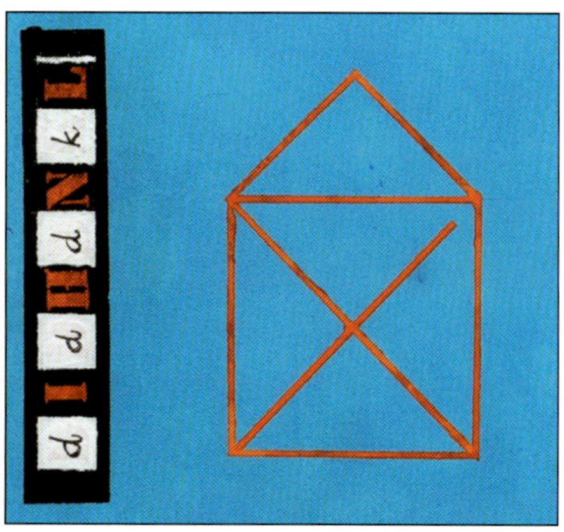

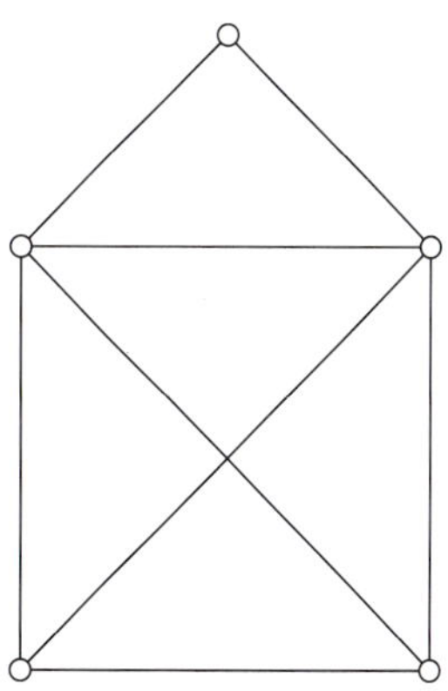

Dies ist kein eulerscher Graph, man kann aber auch ihn in einem Zug zeichnen; man muss an einer der unteren Ecken beginnen und endet an der anderen unteren Ecke. Man spricht von einer *offenen eulerschen Linie*. Ein zusammenhängender Graph hat genau dann eine offene eulersche Linie, wenn er nur zwei „ungerade" Ecken hat.
Zu den herausragenden Vertretern der Graphentheorie im 20. Jahrhundert gehört der in England geborene William Thomas Tutte (1917–2002). Während des Zweiten Weltkriegs arbeitete er in der berühmten Expertengruppe in Bletchley Park, die erfolgreich die kodierte Kommunikation der deutschen Wehrmacht entschlüsselte. Ab 1948 lebte er in Kanada. Von ihm stammt folgende Formulierung des Königsberger Brückenproblems und seiner Lösung als Gedicht.

Some citizens of Koenigsberg
Were walking on the strand
Beside the river Pregel
With its seven bridges spanned.

O, Euler come and walk with us
Those burghers did beseech
We'll walk the seven bridges o'er
And pass but once by each.

"It can't be done" then Euler cried
"Here comes the Q. E. D.
Your islands are but vertices,
And all of odd degree."

Mit den eulerschen Graphen hat die Graphentheorie begonnen, sie hat aber noch viele weitere Highlights aufzuweisen. Eines sind die *hamiltonschen Graphen*, die nach dem irischen Mathematiker William Rowan Hamilton (1805–1865) benannt sind. Deren Definition erinnert auf den ersten Blick an die eulerschen Graphen, sie sind aber viel schwieriger zu beschreiben. Ein Graph heißt *hamiltonsch*, wenn es einen *Kreis* (= geschlossener Rundweg) gibt, der genau einmal durch jede Ecke geht. Dabei wird nicht verlangt, dass auch jede Kante durchlaufen wird. Versuchen Sie, für folgenden „Dodekaedergraphen" einen solchen Rundweg zu finden:

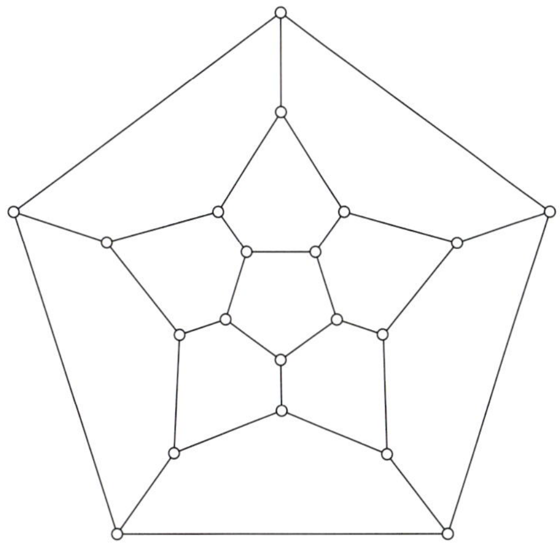

Dieser Graph ist übrigens das ebene Bild des von zwölf regelmäßigen Fünfecken begrenzten Dodekaeders. Die platonischen Körper lassen grüßen! Obwohl die Probleme *eulerscher Kreis* und *hamiltonscher Kreis* sehr verwandt aussehen, ist kein praktikables Verfahren bekannt, mit dem man für letzteres Problem (bei beliebigen Graphen) einen solchen Rundweg findet.
Leonhard Euler war angeblich auch ein guter Schachspieler. Daher verwundert es nicht, dass er 1759 eine Abhandlung über den sog. Rösselsprung veröffentlichte.

> *„Eines Tages befand ich mich in einer Gesellschaft, als bei Gelegenheit des Schachspiels jemand die Frage aufwarf, mit einem Springer bei gegebenem Anfangsfeld alle Felder des Schachbretts der Reihe nach, jedes nur einmal zu passieren … Diejenigen, die die Aufgabe für ziemlich leicht hielten, machten mehrere nutzlose Versuche, ohne zum Ziel zu gelangen. … "*

Ein „Springer-Zug" (= Rösselsprung) besteht darin, dass die Figur von ihrem Feld aus um zwei Felder in horizontaler und anschließend um ein Feld in vertikaler Richtung (oder umgekehrte Reihenfolge) bewegt wird. Diese Rösselsprungaufgabe war bereits lange vor Euler bekannt. Er war allerdings der erste, der ein praktikables Lösungsverfahren angab. Eine Theorie dazu ist von ihm allerdings nicht überliefert. Seine Vorgehensweise besteht aus einem Probieren mit geschicktem Zerlegen.
Die folgende Abbildung zeigt eine von Euler ermittelte Lösung. Die Zahlen in den Feldern geben die Reihenfolge an, in der der Springer alle Felder des Schachbretts durchläuft. Man erkennt, dass hier zunächst die gesamte untere und anschließend die obere Bretthälfte „abgearbeitet" wird. Daher spricht man von einem zweiteiligen Rösselsprung, der zudem geschlossen ist, da man vom Schlussfeld (64) mit einem Zug zum Anfangsfeld (1) gelangt.

37	62	43	56	35	60	41	50
44	55	36	61	42	49	34	59
63	38	53	46	57	40	51	48
54	45	**64**	39	52	47	58	33
65 = 1	26	15	20	7	32	13	22
16	19	8	25	14	21	6	31
27	**2**	17	10	29	4	23	12
18	9	28	3	24	11	30	5

Mit der Existenz eines einzigen geschlossenen Rösselsprungs ist zugleich nachgewiesen, dass auch bei beliebigem Anfangsfeld immer ein geschlossener Rösselsprung möglich ist. Man startet z.B. auf dem Feld 17, schreitet sukzessive voran und gelangt über die Felder 64 sowie 1 bis 17 wieder auf das Anfangsfeld. Die Anzahl aller möglichen geschlossenen Rösselsprünge ist außerordentlich groß, nämlich: 13 267 364 410 532. Verzichtet man auf die Bedingung „geschlossen", ist die Anzahlfrage noch immer ungelöst.

In diesem Abschnitt haben wir eulersche und hamiltonsche Kreise kennen gelernt. Überdenken Sie nochmals den Unterschied! Das Problem des Rösselsprungs auf einem Schachbrett ist gleichbedeutend mit dem Auffinden eines der beiden Kreise für einen speziellen Graphen. Jedem der 64 Felder des Schachbretts entspricht ein Knoten. Zwei Knoten werden genau dann durch eine Kante verbunden, wenn zwischen den entsprechenden beiden Feldern ein Springer-Zug möglich ist. Wir erhalten einen zusammenhängenden Graphen mit 64 Knoten und 168 Kanten. Da der Rundweg durch jeden Knoten genau einmal führen soll, gilt es also einen hamiltonschen Kreis zu finden. Hilfreiche Warnung: Diese graphentheoretische Interpretation ist allerdings wenig geeignet, um einen konkreten Rösselsprung anzugeben!

Literatur zum Thema

- Beutelspacher, Albrecht und Marc Zschiegner: Einführung in die Diskrete Mathematik. Verlag Vieweg, 2007[3]
- Thiele Rüdiger: Leonhard Euler. Teubner-Verlag, Leipzig 1982

Zeichen und Zahlen

„Die Grenzen meiner Sprache bedeuten die Grenzen meiner Welt."
Ludwig Wittgenstein (1889 - 1951)

Mit Zeichen und Zahlen kann man u. a. spielen, erzählen, vermessen.

- Entdecke bekannte Zeichen und beschreibe ihre Bedeutung.

- Ordne die Zeichen bestimmten Wissensgebieten zu (Chemie, Mathematik, Musik, ...).

- Wer verwendet Zeichen bzw. Symbole – und wozu?

Leonhard Euler (1707 – 1783) hat entscheidend die Symbolik der Mathematik mitbestimmt (Eulersche Zahl e, Kreiszahl π, imaginäre Einheit i).

Zeichen und Zahlen

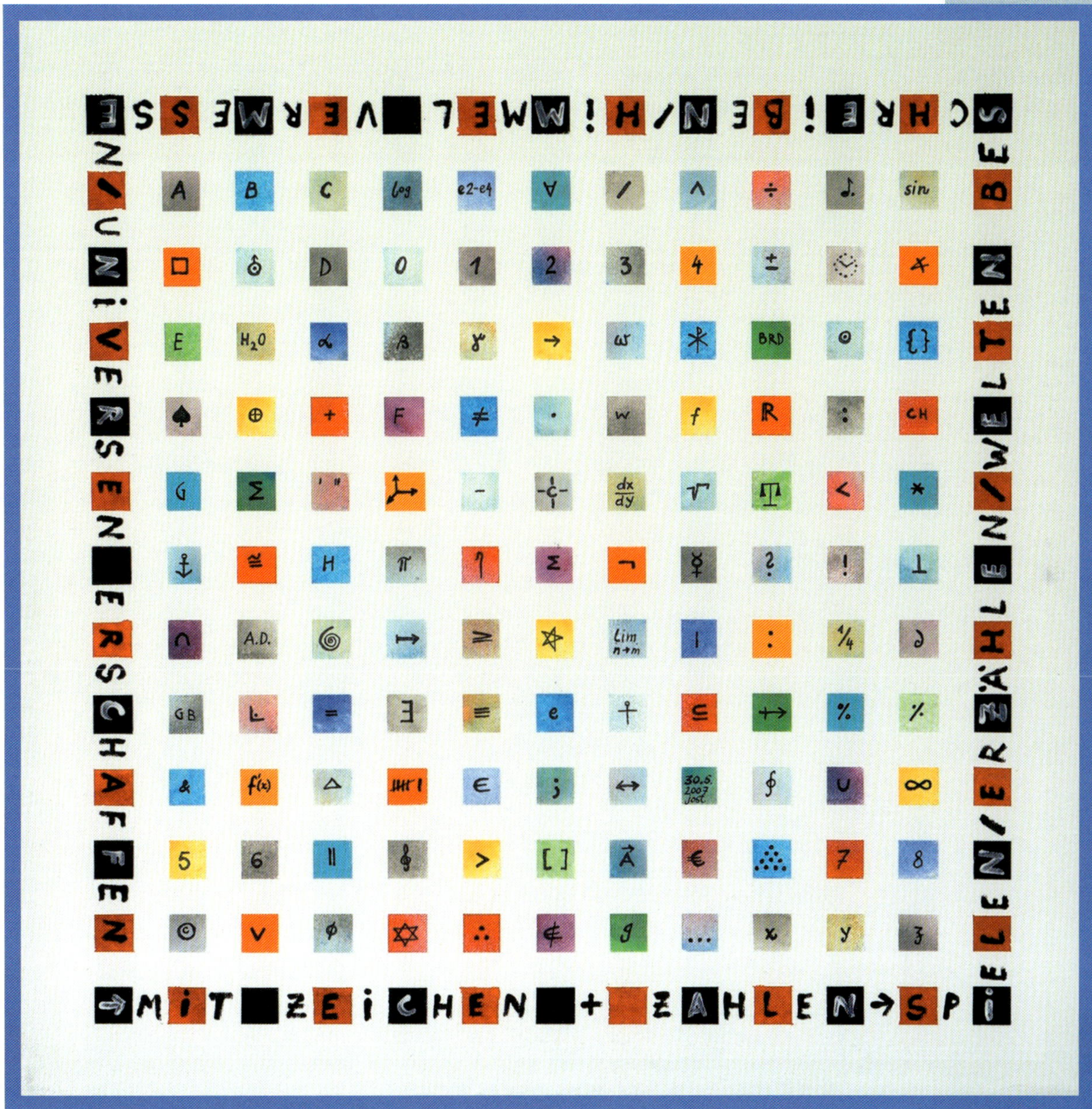

© Eugen Jost, CH-3604 Thun
Acryl auf Leinwand, 60 cm x 60 cm

Berühmt ist Thomas Manns (1875 – 1955) Beschwörung der mathematischen Sprache in seinem Roman *Königliche Hoheit*:

> *„Was er sah, war sinnverwirrend. In einer krausen, kindlich dick aufgetragenen Schrift bedeckte ein phantastischer Hokuspokus, ein Hexensabbat verschränkter Runen die Seiten. Griechische Schriftzeichen waren mit lateinischen und mit Ziffern in verschiedener Höhe verkoppelt, mit Kreuzen und Strichen durchsetzt, ober- und unterhalb waagrechter Linien bruchartig aufgereiht, durch andere Linien zeltartig überdacht, durch Doppelstrichelchen gleichgewertet, durch runde Klammern zu großen Formelmassen vereinigt. Einzelne Buchstaben, wie Schildwachen vorgeschoben, waren rechts oberhalb der umklammerten Gruppen ausgesetzt. Kabbalistische Male, vollständig unverständlich dem Laiensinn, umfassten mit ihren Armen Buchstaben und Zahlen, während Zahlenbrüche ihnen voranstanden und Zahlen und Buchstaben ihnen zu Häupten und Füßen schwebten. Sonderbare Silben, Abkürzungen geheimnisvoller Worte, waren überall eingestreut, und zwischen den nekromantischen Kolonnen standen geschriebene Sätze und Bemerkungen in täglicher Sprache, deren Sinn gleichwohl so hoch über allen menschlichen Dingen war, dass man sie lesen konnte, ohne mehr davon zu verstehen als von einem Zaubergemurmel."*

Die Haltung, die sich in diesem Text ausdrückt, ist einerseits geprägt von einer Bewunderung, die sich durch exakte Beschreibung eben diese Mathematik auch vom Leibe halten möchte, und einem Unverständnis der mathematischen Inhalte, das sich dennoch von ihrer zeichenhaften Darstellung magisch angezogen fühlt.

In der Tat hat die mathematische Sprache zwei Seiten. Zum einen ist sie eine der größten Kulturleistungen der Menschheit. Sie ist ein Präzisionsinstrument, mit dem man noch die feinsten Verästelungen menschlichen Denkens erfassen kann. Zum anderen ist sie aber auch ein zumindest Achtung gebietendes, für viele Menschen zudem ein furchterregendes Konstrukt, dessen abstoßende Wirkung oft größer ist als ihre Anziehungskraft.

Definitionen

Die mathematische Sprache dient, wie jede Sprachform, der Kommunikation. In der mathematischen Sprache stellt sich ein grundsätzliches Problem, das in dieser Sprache radikal gelöst wurde. In der Mathematik beschäftigen wir uns nämlich mit Objekten, die nicht „von dieser Welt" sind. Die Objekte der Mathematik sind geistiger Natur. Ob diese in einem platonischen Sinne existieren oder ob nur ihre wechselseitigen Beziehungen durch eine Art Spielregeln festgelegt sind, tut hier nichts zur Sache. Es sind jedenfalls keine Objekte, auf die man notfalls zeigen und dazu sagen kann: „Hund", „Haus", „Hinkelstein". (Es ist klar, dass auch Begriffe, die sich in real existierenden Objekten verwirklichen, nicht durch Zeigen auf ein Objekt vollständig bestimmt werden können, aber in vielen Situationen hilft es ungemein.)
Die Mathematik hat daraus die Konsequenz gezogen, ihre Begriffe genau zu definieren. Wir sagen zum Beispiel:

> *„Eine Primzahl ist eine natürliche Zahl > 1, die nur durch 1 und sich selbst teilbar ist."*

Oder:

> *„Ein Kreis ist die Menge aller Punkte, die von einem festen Punkt den gleichen Abstand haben."*

Das bedeutet, dass in der Mathematik die Begriffe präzise festgelegt sind. In keiner anderen Wissenschaft weiß man so genau, worüber man nachdenkt und redet. Das ist gut. Es ist auch deswegen gut, weil man nicht „lange drum herumreden" muss. Es geht überhaupt nicht darum, einen Begriff zu umkreisen, sich ihm in immer wieder neuen Formulierungsversuchen zu nähern, ihm immer neue Facetten abzugewinnen, nein: Er ist da, er ist eindeutig definiert, und bei den Überlegungen darf nur das benutzt werden, was diese Definition aussagt und nicht, was einem sonst noch dazu einfällt. Die negative Seite dieser Medaille ist, dass die mathematische Sprache im Extremfall redundanzfrei ist. Man muss nichts zweimal sagen, da schon beim ersten Mal alles gesagt wurde. Als Zuhörer muss man entsprechend aufpassen, es darf einem nichts entgehen, denn es wird ja nur einmal gesagt.

Kommunikation

Wozu dient die mathematische Sprache? Wie jede Sprache dient sie der Kommunikation, sie dient der Kommunikation mit anderen, aber auch mit einem selbst. Das Ziel der mathematischen Sprache ist größtmögliche Exaktheit zu erzielen und damit auch möglichst wenige Anlässe für Missverständnisse zuzulassen.
Betrachten wir ein Beispiel. Umgangssprachlich können wir von einer Folge von Zahlen, etwa jährlichen Umsatzzahlen, sagen, „diese werden immer größer".
Damit meinen wir natürlich, dass jede Zahl größer als ihr Vorgänger ist.
Wenn wir auch nur einige wenige mathematische Kenntnisse haben, werden wir uns fragen, um wie viel jede Zahl größer als ihr Vorgänger ist. Noch genauer werden wir fragen, ob von einer Zahl zur nächsten ein Summand hinzukommt („plus etwas") oder ob die jeweils nächste Zahl sich durch einen Faktor aus der vorigen ergibt („mal etwas"). Diese beiden Möglichkeiten resultieren in völlig unterschiedlichem Wachstumsverhalten der Zahlenfolge. Wenn wir dann noch wissen, wie groß der Summand beziehungsweise der Faktor ist, dann können wir explizit jede gewünschte Zahl exakt bestimmen.
Sie sehen an diesem noch sehr einfachen Beispiel, wie uns Konstrukte der mathematischen Sprache helfen, Situationen präzise zu erfassen und damit genauere Kenntnisse zu erhalten.
Mathematische Sprache macht Kommunikation mit anderen fehlerfrei, dient aber auch dazu, sich selbst zu kontrollieren. Jeder Mathematiker kennt die Situation, dass er etwas „gedacht" hat, dass sich beim genauen Aufschreiben aber herausstellt, dass die Sache viel komplizierter oder auch ganz anders ist.

Frei und radikal

Gero von Randow hat die Formulierung geprägt, Mathematik sei „frei und radikal". Frei ist sie in der Setzung ihrer Axiome („Grundsätze"). Diese können im Prinzip willkürlich ausgedacht werden. Ob sie sinnvoll sind, die Natur gut beschreiben oder ob sie „schön" sind, alles das spielt zunächst keine Rolle. Mit jedem möglichen Axiomensystem wird eine (geistige) Welt erschaffen. Diese Welt entfaltet sich vor unserem geistigen Auge, indem wir Sätze beweisen. Das bedeutet, dass wir durch rein logisches Schließen aus den Axiomen weitere Aussagen „herausholen". In diesem Sinne ist die Mathematik radikal: Nur solche Aussagen, die ausschließlich durch logische Operationen aus den Axiomen erschlossen werden können, haben Bestand.

Schönheit und Einfachheit

Mit Zeichen und Zahlen schaffen Mathematiker Muster, mit Zeichen und Zahlen beschreiben Mathematiker vorhandene Muster. Man kann folglich die Mathematik als eine explorative Disziplin bezeichnen, die sich mit dem Verständnis von Mustern und Strukturen befasst, die die Welt um uns und unser Denken durchdringen. Hier sind wir wieder bei dem englischen Mathematiker Godfrey Harold Hardy (1877–1947), der die mathematische Tätigkeit mit der eines Dichters oder Malers vergleicht. In allen diesen Gebieten werden Strukturen und Muster geschaffen, die allerdings nur dann Bestand haben, wenn sie bestimmten ästhetischen Kriterien genügen, wenn sie schön bzw. elegant sind. Wie in der Kunst und in der Malerei besteht auch in der Mathematik keine übereinstimmende Meinung darüber, was Schönheit in dem jeweiligen Fach ausmacht. Allerdings bringt man in der Mathematik Schönheit oftmals mit Einfachheit in Verbindung. Da sich zahlreiche Aussagen der Mathematik auf unendlich viele Objekte beziehen, diese also prinzipiell nicht in Einzelfallbetrachtungen abgehandelt werden können, erweist sich die Reduktion auf möglichst Einfaches als notwendig.

Das Vereinfachen hat aber auch seine Tücken. Nichtmathematiker empfinden die Vorgehens- und Argumentationsweise bzw. die Notation in der Mathematik oftmals als viel zu abstrakt. Dadurch wird das Fach für sie unverständlich und unzugänglich. Die Folge ist dann ein Desinteresse bis hin zur Ablehnung. Dabei ist die Abstraktion im Grunde auch ein Vereinfachungsprozess, bei dem das Unwesentliche weitgehend weggenommen wird. Abstraktion ist somit ein Gedankenexperiment, bei dem eine Konzentration auf das Wesentliche erfolgt. Die konkrete Wirklichkeit ist manchmal so komplex und kompliziert, dass wir sie ohne Vereinfachungen nicht in den Griff bekommen. Andererseits erreichen wir durch das Konzentrieren auf grundlegende Strukturen, dass wir gleiche Methoden auf unterschiedliche Probleme anwenden können. Mathematik ist eben die Kunst, verschiedenen Dingen den gleichen Namen zu geben, wie es Henri Poincaré (1854–1912) so treffend formuliert hat. Sehr anschaulich erleben wir diese Vorgehensweise bei dem Spaziergang mit Herrn Euler auf dem gleichnamigen Bild. Die Topographie Königsbergs reduziert Eugen Jost auf eine skizzenartige Darstellung. Relevant für die Lösung des Problems ist nur der Graph mit seinen Knoten und Kanten. Dies hat Leonhard Euler klar erkannt. Die reale Ausgangssituation wird also ausgeblendet, das Lösungsverfahren ist auf unterschiedliche Probleme anwendbar.

Für den englischen Mathematiker und Physiker Roger Penrose ist Einfachheit in der Mathematik gerade dann besonders schön, wenn sie unerwartet und überraschend auftritt. Die Überlegungen zur Lösung eines Problems werden immer komplexer, man möchte schon aufgeben, und plötzlich, durch die richtige Blickweise, durch einen genialen Einfall, wird alles ganz einfach.

Letztendlich können auch Mathematiker die Frage „Was ist schön?“ nicht objektiv entscheiden. Über Geschmack lässt sich eben trefflich streiten. Die Zeitschrift *The Mathematical Intelligencer* veranstaltete vor vielen Jahren eine Umfrage nach den schönsten mathematischen Sätzen. Unter 24 Vorschlägen konnte ausgewählt werden. Als eindeutiger Sieger ging die Gleichung

$$e^{i\pi} + 1 = 0$$

hervor, die bedeutende Konstanten der Mathematik vereint (eulersche Zahl e, imaginäre Einheit i mit $i^2 = -1$, Kreiszahl π). Diese Gleichung muss man sich erst einmal auf der Zunge zergehen lassen. Zu einer transzendenten Zahl, die mit einem Produkt aus der imaginären Einheit und einer anderen transzendenten Zahl potenziert wird, addiert man lediglich die natürliche Zahl 1 und erhält als Ergebnis 0. Auf den ersten Blick lediglich *Zeichen und Zahlen,* aber mit tiefer Bedeutung.

Literatur zum Thema

- Basieux, Pierre: Die Top Ten der schönsten mathematischen Sätze. Rowohlt-Verlag 2000
- Byers, William: How Mathematicians Think. Princeton University Press 2007
- Devlin, Keith: Muster der Mathematik. Spektrum-Verlag 2002

1

2

8

girasole

34

144

610

G I R A S O

Leonardo von Pisa (1170–1240), genannt Fibonacci, machte das Dezimalsystem in Mitteleuropa bekannt.

Die Zahlen auf dem Bild heißen Fibonacci-Zahlen.
Wie werden diese Zahlen erzeugt?

Welche Fibonacci-Zahl kommt nach 987?

Vergleiche die Fibonacci-Zahlen mit den nebenstehenden Quadraten!

Girasole ist das italienische Wort für Sonnenblume.

Blätter, Blütenstände und Schuppen sind bei gewissen Pflanzen spiralförmig angeordnet.

Girasole

Acryl auf Leinwand, 60 cm x 60 cm

Mit seinem Weltbestseller *The Da Vinci Code* (deutscher Titel: *Sakrileg*) steigerte der Amerikaner Dan Brown den Bekanntheitsgrad einer außergewöhnlichen Zahlenfolge. An mehreren Stellen des spannenden Romans taucht die zunächst geheimnisvolle Zahlenkombination

$$13-3-2-21-1-1-8-5$$

auf. Mathematikinteressierte erkennen sofort, dass es sich hierbei um den Anfang einer berühmten Zahlenfolge handelt. Wir müssen lediglich die einzelnen Elemente der Größe nach ordnen:

$$1-1-2-3-5-8-13-21.$$

Bei genauem Betrachten der einzelnen Elemente entdeckt man ein Muster, nach dem die Zahlenfolge gebildet wird. Wir erhalten ein neues Element der Folge, indem wir die zwei unmittelbar vorhergehenden Elemente addieren. Also $1+1=2$, $1+2=3$, $2+3=5$ usw. Im *Da Vinci Code* bricht die Folge mit 21 ab, natürlich geht sie noch weiter. Das nächste Element ist die Zahl 34 ($=13+21$). Auf Grund der Erzeugungsweise spricht man hier von einer rekursiv definierten Zahlenfolge (lateinisch: recursare = zurückkehren).
Dan Brown hat in seinen Roman eine der interessantesten und reichhaltigsten Zahlenfolgen eingebaut, die es überhaupt gibt. In einer eigenen, seit 1963 regelmäßig viermal im Jahr erscheinenden Zeitschrift werden nur Artikel veröffentlicht, die inhaltlich mit dieser Folge in Verbindung stehen. Die Herausgeber nennen als Zielsetzung ihrer Zeitschrift:

> *"The Fibonacci Quarterly is meant to serve as a focal point for interest in Fibonacci numbers and related questions, especially with respect to new results, research proposals, challenging problems, and innovative proofs of old ideas."*

Die älteste uns bekannte Quelle für diese Zahlenfolge ist eine mathematische Abhandlung aus dem frühen 13. Jahrhundert, das sog. *liber abaci*. Obwohl dieses Rechenbuch für die Verbreitung der indisch-arabischen Ziffern und des Dezimalsystems in Europa eine überaus große Bedeutung hat, gibt es bisher keine Übersetzung in die deutsche Sprache. Im Jahr 1857 veröffentlichte Baldassare Boncompagni eine gedruckte Ausgabe der lateinisch verfassten Handschrift. Wenn Ihre Lateinkenntnisse nicht ausreichen oder gänzlich fehlen: Seit dem Jahr

2002 gibt es *A Translation into Modern English of Leonardo Pisano's Book of Calculation.* So lautet der Untertitel der englischen Ausgabe von *Fibonacci's liber abaci*.

Wir lesen die Namen Leonardo Pisano und Fibonacci. Wie viele Autoren hat nun diese Handschrift? Es handelt sich um eine einzige Person, nämlich um Leonardo von Pisa. Seine Lebensdaten lassen sich nur vage aus seinen eigenen Schriften und Dokumenten der Stadt Pisa erschließen. Geboren ist er um 1170. Zu dieser Zeit begann man auch mit dem Bau des berühmten, zunächst nicht schiefen Turmes. Bald neigte sich jedoch das Bauwerk, und die Arbeiten wurden für viele Jahre eingestellt. Daher war es Leonardo, der um 1240 verstarb, nicht vergönnt, den fertigen Turm zu bewundern.

Leonardos gibt es viele; um sie zu unterscheiden, fügte man den Herkunftsort hinzu, wie z. B. *da Vinci* bzw. *da Pisa*. Eindeutig wird die Zuordnung durch die Wahl eines zusätzlichen Namens. Fibonacci lässt sich als Zusammenziehung aus *filius Bonacci* relativ leicht erklären und wird meist als Sohn des Bonacci oder als aus der Familie Bonacci gedeutet. Leonardo selbst hat diesen Namen nie verwendet, er ist eine Schöpfung aus späterer Zeit.

In der Literatur findet sich immer dasselbe Portrait Leonardos. Damit ist aber keinesfalls gewährleistet, dass er tatsächlich so ausgesehen hat. Wir können lediglich folgern, dass man sich im 19. Jahrhundert so einen pisanischen Kaufmann und Gelehrten des 13. Jahrhunderts vorgestellt hat.

Leonardo, selbst aus dem Kaufmannsstand hervorgegangen, bringt mit dem *liber abaci* ein konkretes Rechen- und Übungsbuch für seine Kaufmannskollegen auf den Markt. Er weiß, welche Art von Mathematik gebraucht wird. Ihm ist klar, dass die Zeit des mühseligen und umständlichen Rechnens mit dem römischen Zahlsystem zu Ende geht. Ein moderner Kaufmann benötigt zur Bewältigung seiner vielfältigen Berechnungen (Gewinne, Verluste, Zölle, Währungsumrechnungen, Zinsen etc.) einen Kalkül, mit dem einfach und schnell gerechnet werden kann. Daher propagiert Leonardo das Dezimalsystem. Zu den Lesern des Rechenbuches gehörte übrigens auch der Stauferkaiser Friedrich II. (1194–1250).

Thematisch lässt sich das Buch in vier Teile untergliedern:

- Zunächst wird gezeigt, wie man natürliche Zahlen im Dezimalsystem schreibt und liest. Dann werden Verfahren zur Multiplikation, Addition, Subtraktion und Division zweier Zahlen im Dezimalsystem bereitgestellt und erläutert.

- Mit dem praktischen Rechnen für Kaufleute (Umrechnen der verschiedenen Geld- und Maßeinheiten, Zinsrechnungen, Geschäfte unter mehreren Partnern etc.) befasst sich der zweite Teil. Auch der Dreisatz kommt intensiv zur Anwendung.

- Dem dritten Teil kann man die Überschrift *Unterhaltungsmathematik* geben. Dazu gehören beispielsweise Zisternen- und Wägeprobleme. Die Aufgaben dienen – wie auch heute noch üblich – als Übungsbeispiele für bestimmte Rechenmethoden.

- Im vierten Teil haben mathematisch interessierte Leser die Möglichkeit, sich über das praktische Rechnen hinaus weiterzubilden. Approximationen von Quadrat- und Kubikwurzeln sowie lineare und quadratische Gleichungen werden behandelt.

Mathematikhistorisch interessant ist, dass Leonardo

- nach arabischem Vorbild für die Unbekannten Bezeichnungen (wie z. B. *res*, *minor*, *major* usw.) einführt und damit rechnet,

- Buchstaben als Zeichen für beliebige Zahlen verwendet,

- in Brüchen Zähler und Nenner durch einen waagerechten Strich trennt,

- negative Lösungen von Gleichungen in Form von Schulden zulässt.

Die berühmteste Aufgabe des *liber abaci*

Der praktischen Ausrichtung des Buches widersprechen nicht die Aufgaben aus der sog. Unterhaltungsmathematik, da sie als Übungsbeispiele für bestimmte Rechenmethoden gute Dienste leisten. In diese Kategorie gehört auch die Aufgabe mit der Überschrift:

„Quot paria coniculorum in uno anno ex uno pario germinentur."

Um das Verständnis zu erleichtern, wurde der Aufgabentext ins Deutsche übertragen:

> *„Jemand sperrt ein Paar Kaninchen in ein überall mit einer Mauer umgebenes Gehege, um zu erfahren, wie viele Nachkommen dieses Paar innerhalb eines Jahres haben werde, vorausgesetzt, dass es in der Natur der Kaninchen liege, dass sie in jedem Monat ein weiteres Paar zur Welt bringen und dass sie im zweiten Monat nach ihrer Geburt selbst gebären. …"*

Zusammengefasst liegt also folgende Situation vor:

- Jedes Kaninchenpaar wird im Alter von zwei Monaten fortpflanzungsfähig.
- Jedes Paar bringt von da an jeden Monat ein neues Paar zur Welt.
- Alle Paare leben ewig.

Jetzt werden wir diese Vorgabe mathematisieren, d.h. mit Hilfe einer mathematischen Notation formulieren. Wie lässt sich die Anzahl der Kaninchenpaare in einem beliebigen Monat bestimmen? Wir wählen den Monat k nach der Erschaffung der Kaninchenwelt. Die Anzahl der Paare im Monat k bezeichnen wir mit f_k. (Der Buchstabe f erinnert an Fibonacci.)
Es gilt dann: $f_k = f_{k-1} + f_{k-2}$

Begründung: Da kein Paar stirbt, leben im Monat k alle Paare, die auch im Vormonat, also im Monat $k-1$, gelebt haben. Dazu müssen die Neugeborenen addiert werden. Fortpflanzungsfähig sind alle die Paare, die bereits im Vorvormonat (Monat $k-2$) auf der Welt waren. Hier bestätigt sich unser Muster, das wir bereits mit den konkreten Zahlen aus dem *Da Vinci Code* entdeckt hatten. Um den Vermehrungsprozess zu starten, muss im ersten Monat ein Paar vorhanden sein, das dann im dritten Monat das erste Mal Nachwuchs bekommt. D. h. es gilt: $f_1 = f_2 = 1$.
Um mit obiger Vorschrift ein neues Element der Zahlenfolge zu bestimmen, muss man auf bereits bekannte Elemente zurückgreifen, in unserem Fall auf die beiden direkten Vorgänger. Es handelt sich hier – wie anfangs bereits erwähnt – um eine rekursiv definierte Zahlenfolge. Interessiert man sich für eine bestimmte Fibonacci-Zahl, dann ist die rekursive Vorschrift ziemlich schwerfällig, da man zunächst die entsprechenden Vorgängerwerte kennen muss. Vorteilhafter ist hier eine sog. explizite Darstellung. Für die Fibonacci-Zahlen lautet sie:

$$f_n = \frac{1}{\sqrt{5}}\left[\left(\frac{1+\sqrt{5}}{2}\right)^n - \left(\frac{1-\sqrt{5}}{2}\right)^n\right]$$

Bei dieser sog. Formel von Binet sollte man wirklich erst einmal innehalten und sie auf sich wirken lassen. Die Fibonacci-Zahlen sind natürliche Zahlen. Auf der rechten Seite des Gleichheitszeichens sehen wir Potenzen irrationaler Zahlen $\frac{1+\sqrt{5}}{2}$ bzw. $\frac{1-\sqrt{5}}{2}$, es wird schließlich noch durch eine irrationale Zahl $\sqrt{5}$ dividiert, und als Ergebnis erhält man letztendlich immer eine natürliche Zahl! Weiterhin lässt der goldene Schnitt zweifach grüßen.

Benannt ist diese explizite Darstellung der Fibonacci-Zahlen nach dem französischen Mathematiker Jacques Philippe Marie Binet (1786–1856), der sie 1843 veröffentlichte. Bekannt war sie bereits im 18. Jahrhundert. Niemand verwundert es, dass der Name Leonhard Euler in diesem Zusammenhang auftaucht.

Interessant ist auch die geometrische Interpretation dieser Fibonacci-Folge. Auf Eugen Josts Bild sehen wir neben der Zahlenfolge ein Rechteck, das in farbige Quadrate unterschiedlicher Seitenlängen unterteilt ist.

Bei genauerem Hinsehen erkennen wir, dass die Seitenlängen der Quadrate als Fibonacci-Zahlen interpretiert werden können. Die beiden gleich großen kleinsten Quadrate besitzen jeweils die Seitenlänge 1, diese zusammen ergeben die Seitenlänge 2 des nächsten Quadrates usw. Durchlaufen wir die einzelnen Quadrate der Größe nach, bewegen wir uns auf einer spiralenförmigen Bahn (goldene Spirale).

Eine brauchbare Näherung für diese Spirale erhält man, wenn man in die Quadrate Viertelkreise mit der Seitenlänge des Quadrats als Radius einzeichnet.

Die Thematik Spirale wird auch mit dem Wort *Girasole* (italienisch für Sonnenblume) aufgegriffen. Was bedeutet das? Wenn wir den Fruchtstand einer Sonnenblume betrachten, können wir feststellen, dass die Kerne spiralenförmig angeordnet sind. Jeder einzelne Sonnenblumenkern gehört zu genau zwei Spiralen, von denen die eine nach links, die andere nach rechts dreht. Zählen wir die Spiralen, die sich in die gleiche Richtung drehen, so erhalten wir als Ergebnis jeweils eine Fibonacci-Zahl. Das Betrachten der Kerne im Fruchtstand der Sonnenblume zeigt, dass sich hinter einer auf den ersten Blick zufällig erscheinenden Anordnung mathematische Gesetzmäßigkeiten verbergen.

Solche Anordnungen lassen sich auch bei anderen Pflanzen feststellen, wie z.B. bei den Schuppen der Kiefernzapfen, bei Silberdisteln, bei der Ananas. Die pflanzliche Natur ermöglicht noch weitere Begegnungen mit den Fibonacci-Zahlen. Ein Stichwort für Neugierige zum Abschluss: *Phyllotaxis*.

Literatur zum Thema

- Baptist, Peter: Pythagoras begegnet Fibonacci. In: Pythagoras und kein Ende? Klett-Verlag 1997
- Beutelspacher, Albrecht und Bernhard Petri: Der Goldene Schnitt. Spektrum-Verlag 1996[2]
- Heitzer, Johanna: Spiralen, ein Kapitel phänomenaler Mathematik. Klett-Verlag 1998
- Lüneburg, Heinz: Leonardi Pisani Liber Abbaci oder Lesevergnügen eines Mathematikers. BI-Wissenschaftsverlag 1993
- Sigler, Laurence: Fibonacci's liber abaci. Springer-Verlag 2002

unendlich

„Das Unendliche ist ein Quadrat ohne Ecken."
Chinesische Spruchweisheit

Wie entsteht die dem Bild zugrunde liegende Struktur?

Die Fläche jedes Quadrats wird im Vergleich zum Vorgängerquadrat halbiert.

Wie groß ist die Summe der Flächen aller Quadrate, wenn wir davon ausgehen, dass das größte Quadrat den Flächeninhalt 1 besitzt?

Das Zentrum der nebenstehenden Quadratschachtelung ist gleichzeitig Schwerpunkt des Bildes.

Unendlich

© Eugen Jost, CH-3604 Thun
Acryl auf Leinwand, 60 cm x 60 cm

„Das Unendliche ist ein Quadrat ohne Ecken."
Chinesische Spruchweisheit

Wie entsteht die dem Bild zugrunde liegende Struktur?
Wir beginnen mit einem Quadrat und schneiden dessen Ecken so ab, dass die Seiten jeweils halbiert werden. Es entsteht ein neues Quadrat, das flächenmäßig um die Hälfte kleiner ist als das Ausgangsquadrat und das um 90° gedreht ist. Diesen Vorgang kann man beliebig oft wiederholen, nicht in der zeichnerischen bzw. künstlerischen Umsetzung, aber in Gedanken. Erst mit dieser Vorstellung lässt sich der Sinn der chinesischen Spruchweisheit vollständig erfassen.

Nicht nur das Muster des Bildes, auch die Farbe Blau symbolisiert das Thema „Unendlich". Himmel und Meer sind ebenso blau wie scheinbar unendlich. Vielleicht steht aus diesem Grund diese Farbe auch für Melancholie. Dennoch verbinden viele Menschen mit blau überwiegend positive Assoziationen: Harmonie, Freundschaft, Vertrauen, Zuverlässigkeit. Blau ist angeblich die beliebteste Farbe der Deutschen, und zwar unabhängig vom Geschlecht. Das Sehnsuchtsgefühl in der Epoche der Romantik bedient sich ebenfalls dieser Farbe bei der Suche nach der „blauen Blume".

Unendlich viele positive Summanden – eine endliche Summe

Denken wir uns die Figur im Bild konsequent fortgesetzt, so besteht sie aus unendlich vielen Quadraten. Jetzt interessieren wir uns für die Fläche aller dieser Quadrate. Dazu brauchen wir gar nicht viel zu rechnen, wir müssen uns lediglich noch einmal bewusst machen, wie die einzelnen Quadrate auseinander hervorgehen. Wir nehmen an, dass das größte Quadrat die Seitenlänge 1 besitzt. Die Fläche eines Quadrats erhalten wir durch Quadrieren der Seitenlänge. Das Startquadrat besitzt somit den Flächeninhalt 1. Das nächste Quadrat entsteht durch Abschneiden der Ecken, und zwar so, dass die Seiten jeweils halbiert werden.

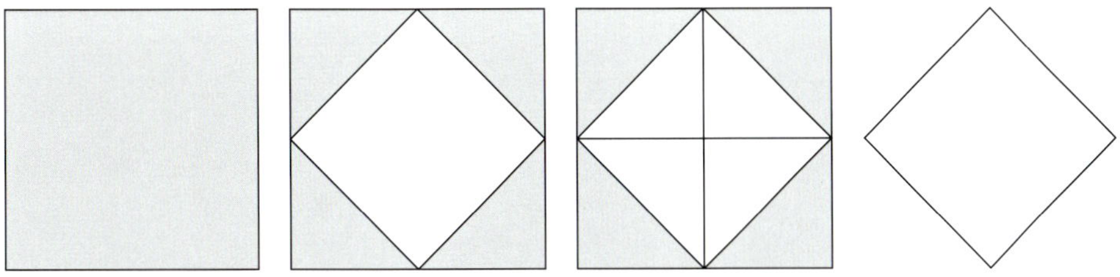

Im Vergleich zum Startquadrat halbiert sich die Fläche, sie beträgt somit $\frac{1}{2}$. Jetzt wenden wir die soeben durchgeführten Überlegungen auf das Quadrat mit dem Flächeninhalt $\frac{1}{2}$ an. Wiederum halbiert sich der Flächeninhalt. Für das dritte Quadrat erhalten wir die Fläche $\frac{1}{4}$, entsprechend für das vierte die Fläche $\frac{1}{8}$, für das fünfte $\frac{1}{16}$ usw. Die Fläche aller Quadrate berechnet sich daher aus der Summe

$$1 + \frac{1}{2} + \frac{1}{4} + \frac{1}{8} + \frac{1}{16} + \ldots$$

Die Zahlen 2, 4, 8, 16, ... sind aufeinanderfolgende Zweierpotenzen. Wir können die Summe somit auch in folgender Form schreiben:

$$1 + \frac{1}{2} + \frac{1}{2^2} + \frac{1}{2^3} + \frac{1}{2^4} + \ldots$$

Obwohl hier insgesamt unendlich viele positive Zahlen aufsummiert werden, lässt sich mit Hilfe einer elementaren Überlegung zeigen, dass die Summe einen ganz bestimmten endlichen Wert annimmt, nämlich genau 2.

Das ist auf den ersten Blick sicherlich erstaunlich. Die Fläche des Startquadrats ist gleich der Summe der Flächen aller anderen unendlich vielen Quadrate.

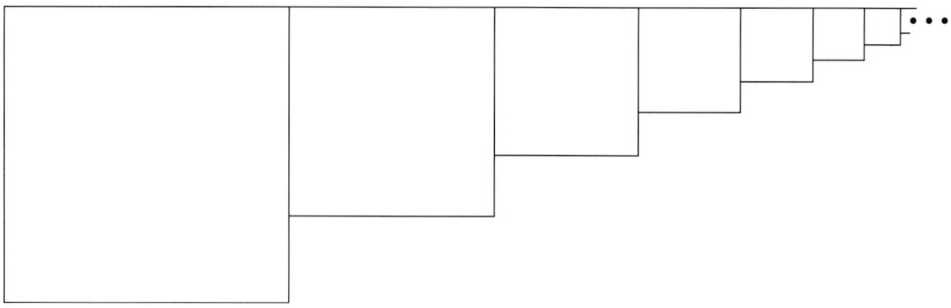

Mathematiker „spielen" gerne. Die Elemente der eben betrachteten Summe sind Kehrwerte von Zweierpotenzen, d. h. Zahlen der Form $\frac{1}{2^k}$ (k = 1, 2, 3, ...). Jetzt vertauschen wir im Nenner die Basis 2 und den Exponenten k. Anstelle von $\frac{1}{2^k}$ betrachten wir nun Ausdrücke der Form $\frac{1}{k^2}$ (k = 1, 2, 3, ...), die wiederum summiert werden.

$$1 + \frac{1}{2^2} + \frac{1}{3^2} + \frac{1}{4^2} + \frac{1}{5^2} + \ldots$$

Obwohl auch hier unendlich viele positive Zahlen addiert werden, bleibt die Summe insgesamt ziemlich bescheiden. Der Wert ist sogar kleiner als die Zahl 2. Die Bestimmung des genauen Wertes erweist sich als wesentlich anspruchsvoller als bei den eben betrachteten Quadratflächen. Berühmte Mathematiker des 17. und 18. Jahrhunderts hatten sich vergeblich bemüht. Ein junger Mann knackte diese Nuss, der 27-jährige Leonhard Euler. Er zeigte auf geschickte Weise mit Hilfe der Sinusreihe, dass die Summe der Kehrwerte der Quadrate der natürlichen Zahlen den Wert $\frac{\pi^2}{6}$ ergibt.

„Unendlich" in den Griff bekommen – nicht zählen, sondern vergleichen

Wir kennen die natürlichen Zahlen 1, 2, 3, 4, 5, 6, 7, 8, 9, 10, 11, 12, 13, 14, 15, ... In diesen Zahlen sind beispielsweise die geraden Zahlen 2, 4, 6, 8, 10, 12, ... enthalten. Auf den ersten flüchtigen Blick könnte man daher vermuten, dass es insgesamt mehr natürliche als gerade Zahlen gibt. Oder haben Sie Zweifel? Wir versuchen, diese Angelegenheit sauber zu klären.

Begeben wir uns zunächst in eine vertrautere Umgebung. Vor uns stehen zwei große Körbe, gefüllt mit Äpfeln. Unsere Aufgabe ist es festzustellen, ob einer der Körbe mehr Äpfel enthält als der andere. Etwas

erschwerend kommt hinzu, dass wir nicht zählen wollen oder können. Wie gehen wir vor? Eigentlich ganz einfach. Mit der linken Hand nehmen wir aus dem linken Korb einen Apfel heraus, gleichzeitig machen wir dasselbe mit der rechten Hand aus dem rechten Korb. Dieser Vorgang wird solange fortgesetzt, bis wir in einem der Körbe oder gleichzeitig in beiden keinen Apfel mehr finden.
Machen wir uns das methodische Vorgehen nochmals bewusst: Jedem Apfel aus dem einen Korb haben wir einen „Partnerapfel“ aus dem anderen Korb zugeordnet (solange dies möglich war). Dabei ist es gleichgültig, mit welchem der beiden Körbe wir beginnen. Mathematiker nennen dies eine eineindeutige Zuordnung. (Es heißt wirklich eineindeutig; kein Druckfehler.)
Jetzt sind wir in der Lage, die Frage zu beantworten, ob es mehr natürliche als gerade Zahlen gibt. Unser Werkzeug dazu ist die eineindeutige Zuordnung. Wir suchen zu jeder natürlichen Zahl eine gerade Zahl als Partner. Dabei gehen wir systematisch vor: $1 \leftrightarrow 2$, $2 \leftrightarrow 4$, $3 \leftrightarrow 6$, $4 \leftrightarrow 8$, $5 \leftrightarrow 10$, ... Allgemein ordnen wir jeder natürlichen Zahl n die Zahl 2n zu. Auf diese Weise bekommen wir eine eineindeutige Zuordnung zwischen den natürlichen und den geraden Zahlen. Damit ist gezeigt, dass es gleich viele natürliche und gerade Zahlen gibt.
Diese eineindeutige Zuordnung ist übrigens eine Strategie, die oftmals gute Dienste erweist. Beispielsweise beim Bestimmen der Anzahl der Spiele bei einem Tennisturnier, das nach dem K.-o.-Modus durchgeführt wird. Nehmen acht Spieler teil, dann finden zunächst vier Spiele, dann zwei und schließlich das Endspiel statt. Insgesamt also sieben Spiele. Wir erhöhen die Anzahl der Teilnehmer. Dann erweist sich dieser Lösungsweg bald als ziemlich mühselig. Durch Nachdenken gelangen wir zu einer eleganten und effizienten Lösung:
Jedes Spiel hat einen Verlierer. Jeder Teilnehmer verliert bei einem K.-o.-Turnier einmal, ausgenommen der Sieger des Turniers. Zwischen der Anzahl der Verlierer und der Anzahl der Spiele besteht eine eineindeutige Zuordnung. D. h. die Anzahl der Spiele ist immer gleich der Anzahl der Teilnehmer minus 1.

Nochmals – die Fibonacci-Zahlen

Bei dem Bild „Girasole“ haben wir die Zahlenfolge 1, 1, 2, 3, 5, 8, 13, 21, 34, ... kennengelernt. Jetzt rechnen wir mit diesen Zahlen. Dazu dividieren wir jeweils eine Fibonacci-Zahl durch ihren Vorgänger. Auf diese Weise erhalten wir:

1 : 1 = 1
2 : 1 = 2
3 : 2 = 1,5
5 : 3 = 1,666666666...
8 : 5 = 1,6
13 : 8 = 1,625
21 : 13 = 1,615384615...
34 : 21 = 1,619047619047619...
55 : 34 = 1,61764705882352941176470588235 2...
89 : 55 = 1,618181818181...

Auf der linken Seite des Gleichheitszeichens stehen immer Bruchzahlen, auf der rechten Seite erhalten wir die entsprechenden Dezimalbrüche als Ergebnis der Division. Bereits bei diesen wenigen Beispielen erkennen wir unterschiedliche Arten von Dezimalbrüchen, und zwar solche, die abbrechen und solche, die nicht abbrechen. Bei letzteren unterscheiden wir reinperiodische (z. B. 5 : 3 = 1,6666...) und gemischtperiodische (z. B. 55 : 34 = 1,6176470588235294117647...).
Außerdem stellen wir fest, dass die Zahlen abwechselnd größer und kleiner werden. Die zweite ist größer als die erste, die dritte kleiner als die zweite, die vierte etwas größer als die dritte usw. Natürlich können wir diese Divisionen fortsetzen. Die entstehenden Zahlen werden weiterhin abwechselnd kleiner und größer, allmählich unterscheiden sie sich kaum noch. Sie pendeln sich schließlich auf folgende Zahl ein:
1,6180339887498948482045868 34...
Diese Dezimalzahl bricht nicht ab und besitzt auch keine Periode. Es liegt hier keine Bruchzahl (rationale Zahl) vor, sondern eine sog. *irrationale* Zahl. Genau genommen müssen wir die Quotientenbildung mit den Fibonacci-Zahlen unendlich oft durchführen, d. h. wir betrachten den Grenzwert

$$\lim_{k \to \infty} \frac{f_{k+1}}{f_k},$$

wobei k immer größere Werte annimmt, also gegen unendlich strebt. Als Ergebnis erhalten wir $\frac{1}{2}(\sqrt{5} + 1)$.
Geben wir diesen Wert in einen Taschenrechner ein, erscheint in der Anzeige obige nicht abbrechende und nicht periodische Dezimalzahl mit so vielen Stellen, wie es das Anzeigenfeld zulässt. Natürlich haben Sie diese berühmte Zahl längst erkannt, es handelt sich um den *goldenen Schnitt*.

Unendlich viele Primzahlen – unvergängliche Eleganz

> *„Du musst wissen, es gibt da diese hundsgewöhnlichen Zahlen, die sich teilen lassen, und dann gibt es die anderen, bei denen das nicht geht. Die sind mir lieber. Weißt du warum? Weil sie prima sind. An denen haben sich die Mathematiker schon seit über tausend Jahren die Zähne ausgebissen. Wunderbare Zahlen sind das. …“*

Der Zahlenteufel in H. M. Enzensbergers gleichnamigem Buch schwärmt hier von den Primzahlen, das sind diejenigen natürlichen Zahlen, die genau zwei (triviale) Teiler haben, nämlich 1 und sich selbst. Also die Zahlen 2, 3, 5, 7, 11, 13, 17, 19 und so weiter.
Beachten Sie: Es gibt nur eine gerade Primzahl. Aus Primzahlen lassen sich alle natürlichen Zahlen zusammensetzen. So lässt sich beispielsweise die Zahl 28 nur auf genau eine Weise als Produkt von Primzahlen ausdrücken: $28 = 2 \cdot 2 \cdot 7$. Man bezeichnet daher Primzahlen auch als die Bausteine der natürlichen Zahlen. Sie sind also vergleichbar mit den Elementen in der Chemie oder den Elementarteilchen in der Physik.

> *„Als ich zehn war, erzählte mir mein Vater vom Euklidischen Beweis, und ich habe angebissen.“*

Dieses Bekenntnis stammt von dem in Ungarn geborenen Mathematiker Paul Erdös (1913–1996). Er lebte ohne festen Wohnsitz, seinen Besitz führte er in zwei Koffern mit sich. Überall auf der Welt kannte er Kollegen, die ihn bei sich aufnahmen, sich um ihn kümmerten und natürlich mit ihm forschten. Nicht immer waren die Familien, bei denen sich Erdös einnistete, über den meist nicht eingeplanten Gast glücklich, zumal die Aufenthaltsdauer in der Regel unbestimmt war. Aufgrund dieser Lebensweise gibt es wohl kaum einen Mathematiker, der mit mehr Koautoren publiziert hat als Erdös. Einmalig ist auch folgende Klassifikation unter Mathematikern: Wer mit Erdös selbst zusammen eine Veröffentlichung geschrieben hat, besitzt die Erdöszahl 1. Die Autorenschaft zusammen mit einem solchen Mathematiker führt zur Verleihung der Erdöszahl 2 usw. Paul Erdös war ständig auf der Suche nach möglichst schwierigen Problemen – und nach der Schönheit in der Mathematik. In seinen Vorträgen stellte er seinen Kollegen Probleme, für deren Lösung (während des Vortrags oder innerhalb der laufenden Tagung) er Geldpreise von fünf Dollar aufwärts auslobte. Die Höhe des Preisgeldes war ein Indiz für die Schwierigkeit der Problemstellung.

Erdös behauptete auch, dass Gott ein Buch besitze, das die besten und elegantesten Beweise für mathematische Lehrsätze enthalte. *„Du brauchst nicht an Gott zu glauben, aber du solltest an das Buch glauben“*, sagte er öfters.

Dieser sog. euklidische Beweis, der den jungen Paul Erdös so für die Mathematik begeisterte, belegt, dass es unendlich viele Primzahlen gibt. Hier zeigt sich wieder die Beständigkeit mathematischer Aussagen. Dieser Beweis wurde bereits vor 2300 Jahren aufgeschrieben. Heutzutage formulieren wir folgendermaßen:

Wir nehmen an, dass es nur endlich viele Primzahlen gibt. Diese lassen sich auflisten, wir bezeichnen sie mit $p_1, p_2, p_3, \ldots, p_n$. Mit diesen Primzahlen bilden wir die Zahl $p_1 \cdot p_2 \cdot p_3 \cdot \ldots \cdot p_n + 1$. Diese Zahl kann keine Primzahl sein, da sie in unserer Liste aller Primzahlen nicht aufscheint. Also muss mindestens eine der obigen Primzahlen ein Teiler dieser Zahl sein. Diese Primzahl sei p_k, wobei $1 \leq k \leq n$. Die Primzahl p_k teilt natürlich auch das Produkt $p_1 \cdot p_2 \cdot p_3 \cdot \ldots \cdot p_n$. Damit teilt p_k ebenso die Differenz der beiden Zahlen $p_1 \cdot p_2 \cdot p_3 \cdot \ldots \cdot p_n + 1 - p_1 \cdot p_2 \cdot p_3 \cdot \ldots \cdot p_n$.

Diese Differenz hat aber den Wert 1. Somit müsste p_k ein Teiler von 1 sein. Dies ist unmöglich, da die kleinste Primzahl 2 ist.

Durch diesen Widerspruch hat sich unsere Annahme, dass es nur endlich viele Primzahlen gibt, als falsch erwiesen. D. h. wir haben gezeigt: Es gibt unendlich viele Primzahlen.

Ebenfalls von Paul Erdös stammt die Feststellung: „Ein Mathematiker ist eine Maschine, die Kaffee in Theoreme verwandelt.“ Als 17-Jähriger führte er einen eleganten Beweis für folgendes Theorem: Zwischen jeder beliebigen natürlichen Zahl und ihrem Doppelten liegt mindestens eine Primzahl.

Verifizieren Sie diese Aussage an ein paar Beispielen. Vielleicht bekommen Sie sogar Lust, einen Beweis zu versuchen.

Literatur zum Thema

- Enzensberger, Hans M.: Der Zahlenteufel. dtv 1999
- Hoffman, Paul: Der Mann, der die Zahlen liebte. Econ-Verlag 2000
- Sondheimer, Ernst und Alan Rogerson: Numbers and Infinity. A Historical Account of Mathematical Concepts. Dover Publications 2006
- Taschner, Rudolf: Das Unendliche. Mathematiker ringen um einen Begriff. Springer-Verlag 2006[2]

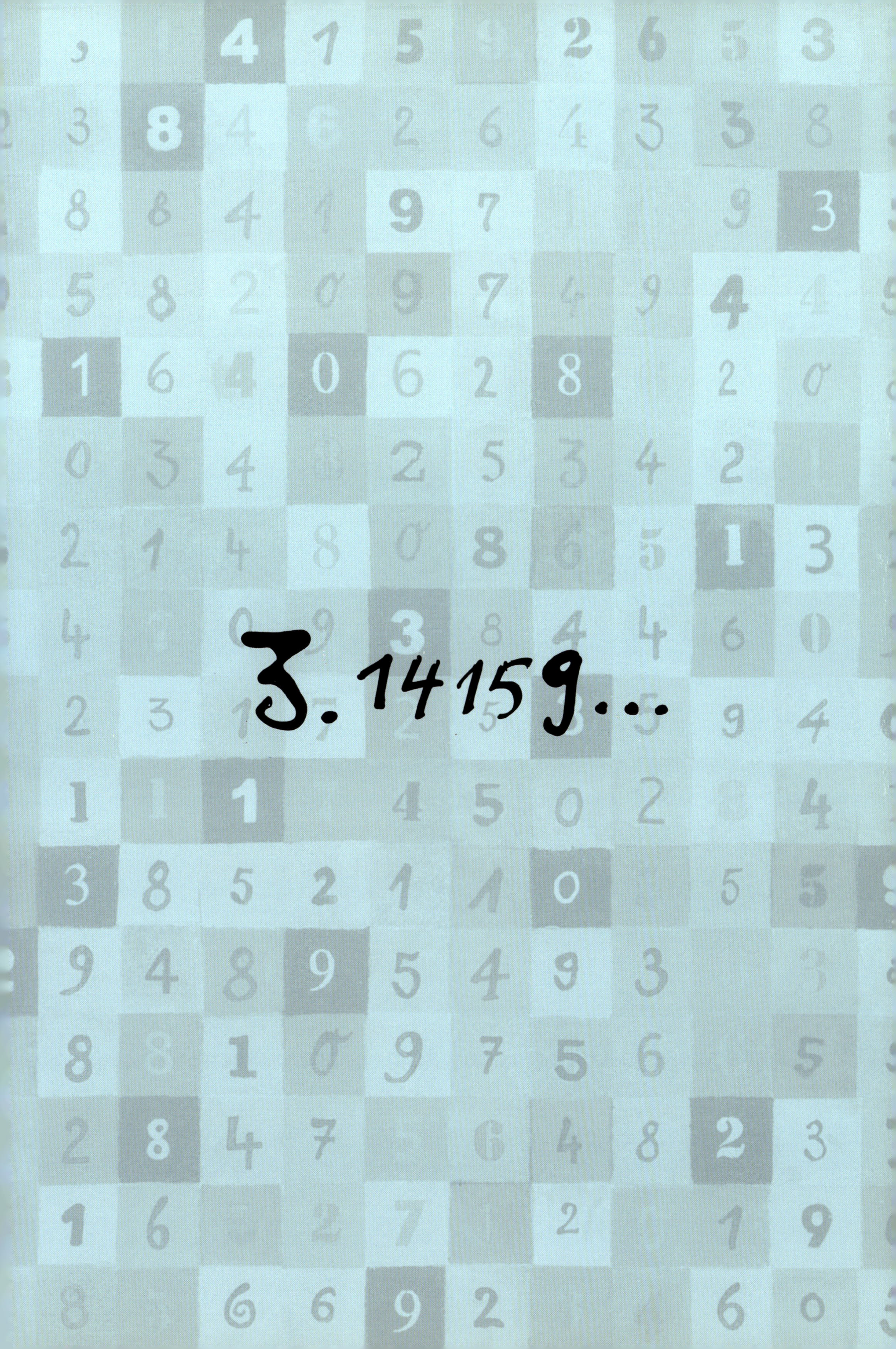
3.14159...

π ist eine irrationale Zahl, also kein Bruch. Es ist somit ausgeschlossen, dass sich die Ziffern ab einer gewissen Stelle periodisch wiederholen. 1872 hat Ferdinand Lindemann (1852–1939) nachgewiesen, dass π transzendent ist.

Bereits um 2000 v. Chr. war bekannt, dass sich bei jedem Kreis das gleiche Verhältnis von Umfang und Durchmesser ergibt.

$$\frac{\text{Umfang}}{\text{Durchmesser}} = \text{Kreiszahl } \pi$$

Archimedes (ca. 287–212 v. Chr.) erkannte: π lässt sich nicht exakt berechnen. Seine Abschätzung lautet:

$$3\frac{10}{71} < \pi < 3\frac{10}{70}$$

Welcher Zusammenhang besteht zwischen den nachfolgenden Zeilen und dem nebenstehenden Bild?

Dir, o Held, o alter Philosoph, du Riesen-Genie!
Wie viele Tausende bewundern Geister,
Himmlisch wie du und göttlich! –
Noch reiner in Aeonen wird das uns strahlen,
Wie im lichten Morgenrot!

3.14159...

© Eugen Jost, CH-3604 Thun
Acryl auf Leinwand, 60 cm x 60 cm

π ist der sechzehnte Buchstabe des griechischen Alphabets und wird etwa seit 300 Jahren als Symbol für die Kreiszahl 3,14159… geschrieben (William Jones 1706). Für die allgemeine Akzeptanz dieser Bezeichnung hat insbesondere Leonhard Euler (1707–1783) gesorgt, da er sie ab 1736 konsequent verwendete. *„Kein anderes mathematisches Symbol hat wohl so viel Rätselraten, romantische Spekulation, falsche Vorstellungen und Interesse hervorgerufen wie die Zahl π"* lesen wir in David Blatners Buch *π, Magie einer Zahl*.

Die Kreiszahl definiert man als Verhältnis vom Umfang zum Durchmesser eines Kreises. π ist eine Zahl, deren Dezimaldarstellung weder abbricht noch eine Periode besitzt. Damit ist π keine rationale Zahl (Bruchzahl), man bezeichnet solche Zahlen als irrational.

Das Bild zeigt die ersten 288 Stellen der Dezimaldarstellung. Etwas Zahlenmystik darf nicht fehlen. Wir betrachten die Hälfte dieser Dezimalstellen, also die ersten 144. Deren Summe ergibt 666. Diese Zahl bezeichnet der Ulmer Rechenmeister Johannes Faulhaber (1580–1635) in seiner Schrift *Miracula Arithmetica* als heilige Zahl, in der viel „Unerhörtes" steckt. Bereits in der Bibel (*Offenbarung des Johannes*) wird vor dieser Zahl gewarnt, sie wird mit dem Teufel in Verbindung gebracht. Buchstaben bekommen Zahlen zugeordnet. Addieren sich die Zahlenwerte der Buchstaben eines Namens zur Zahl 666, dann handelt es sich um eine böse Person. Wieso weist man gerade der Zahl 666 eine besondere Bedeutung zu? Hier lassen sich nur Vermutungen anstellen. Die Zahlenmystik hatte im Mittelalter Hochkonjunktur. Damals waren die römischen Zahlzeichen gebräuchlich. Um 666 in der römischen Darstellung zu schreiben, braucht man nur die unterschiedlichen Zeichen einzeln nacheinander anführen: DCLXVI.

Noch eine Bemerkung zur Anzahl der betrachteten Dezimalstellen von π: Bereits hier dominiert die Zahl 6, denn $144 = (6 + 6) \cdot (6 + 6)$.

Interessant wäre es, beim Betrachten des Bildes ein bestimmtes Muster, also eine Art von Regelmäßigkeit in den Dezimalstellen zu finden. Gibt es beispielsweise eine Ziffer, die besonders häufig vorkommt? Bislang allerdings Fehlanzeige, trotz großer Bemühungen und obwohl man bereits über 200 Milliarden Dezimalstellen berechnet hat.

Diese enormen Stellenzahlen haben übrigens keinerlei Nutzen für praktische Berechnungen mit der Kreiszahl selbst. Der Umfang eines Kreises mit Radius 30 Meter (oder weniger) lässt sich beispielsweise auf einen Millimeter genau bestimmen, wenn lediglich 4 Dezimalen von π bekannt sind. Zwei kanadische Mathematiker haben festgestellt, dass bereits 39 Dezimalstellen von π genügen, um den Umfang eines Kreises um das bekannte Universum mit einem Fehler zu berechnen, der kleiner ist als die Größe eines Wasserstoffatoms.

Weil man kein Muster kennt, erweist sich das Einprägen einer großen Anzahl von Dezimalstellen von π immer wieder als eine Herausforderung für Gedächtnisakrobaten. Im Fernsehen konnte man schon erstaunliche Kostproben erleben. Für Normalverbraucher gibt es Gedichte in vielen Sprachen, wobei die Buchstabenzahl der einzelnen Wörter der jeweiligen Dezimalstelle von π entspricht. Zwei Kostproben:

Now I want a drink, alcoholic of course,
after the heavy lectures involving quantum mechanics!

Wie? O! Dies π
Macht ernstlich so vielen viele Müh'!
Lernt immerhin, Jünglinge, leichte Verselein,
Wie so zum Beispiel dies dürfte zu merken sein!

Das deutschsprachige „Gedicht" liefert die ersten 23 Stellen von π. Zum Glück ist die 32. Stelle eine Null, so dass diese Art der Dichtkunst ein schnelles Ende findet.
Eingerahmt hat Eugen Jost sein Bild mit einem Zitat aus der Bibel. Hier macht man sich wenige Gedanken um die Dezimalstellen. Im Alten Testament (*Buch der Könige*) heißt es über einen Altar im Tempel Salomons:

„Und er machte ein Meer, gegossen von einem Rand zum andern zehn Ellen weit rundumher und fünf Ellen hoch und eine Schnur dreißig Ellen lang war das Maß ringsum."

Dies ergibt den Wert 3 für π.

Ein Kreis mit Radius 1 besitzt den Flächeninhalt π. Eine erste grobe Abschätzung für π erhält man, indem man dem Einheitskreis ein Quadrat sowohl umbeschreibt als auch eines einbeschreibt: $2 < \pi < 4$.

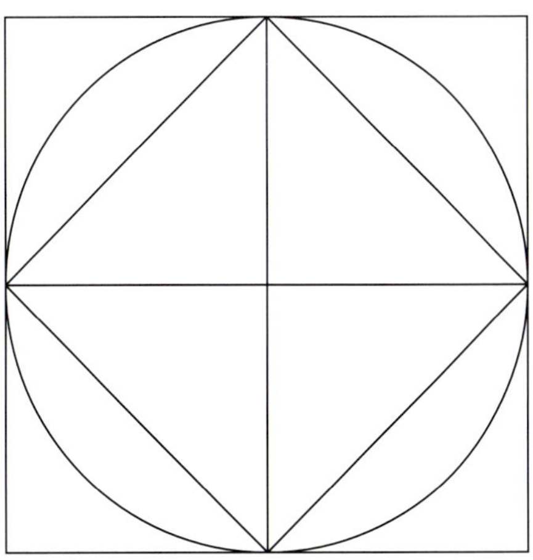

Bereits Archimedes (287 – 212 v. Chr.) erkannte, dass man π nicht exakt berechnen, sondern nur systematisch annähern kann. Er startete mit regelmäßigen Sechsecken, die er dem Einheitskreis ein- und umbeschrieb:

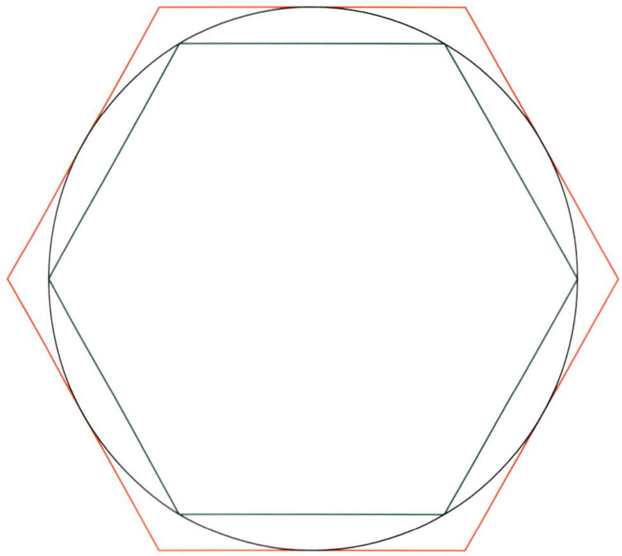

Dann wird die Eckenzahl verdoppelt:

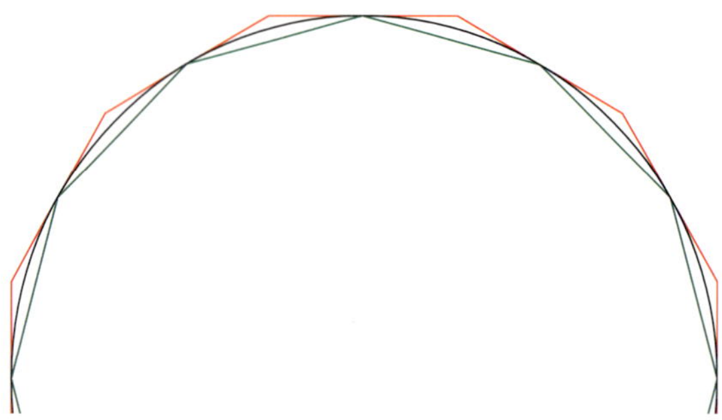

Und wiederum verdoppelt sich die Eckenzahl der ein- und umbeschriebenen Vielecke.

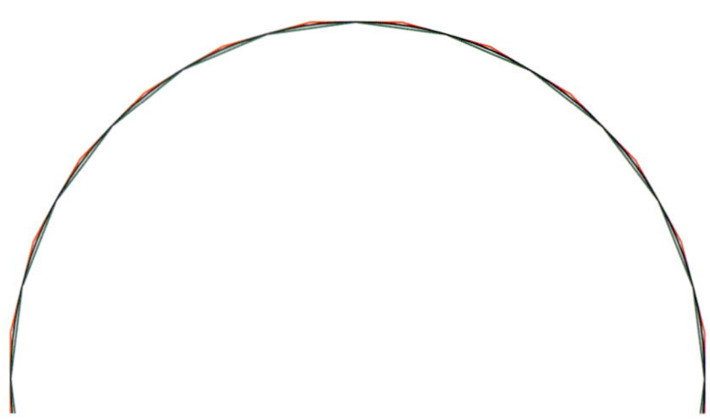

Durch mehrfache Verdoppelung der Eckenzahl gelangte Archimedes bis zum 96-Eck. Damit erhielt er folgende Abschätzung für π:

$$3\frac{10}{71} < \pi < 3\frac{10}{70}$$

oder in dezimaler Schreibweise:

$$3{,}140845 < \pi < 3{,}142858.$$

π ist nicht nur irrational, sondern auch transzendent!

Da sich π nicht als Bruch darstellen lässt, ist es eine irrationale Zahl. Die rationalen Zahlen – also die Bruchzahlen – und die irrationalen Zahlen bilden zusammen die sog. reellen Zahlen. Eine andere Art der Einteilung der Zahlen orientiert sich an der Eigenschaft, ob die Zahl sich durch eine Polynomgleichung beschreiben lässt.
Zunächst müssen wir erklären, was eine Polynomgleichung ist. Beispiele dafür sind lineare Gleichungen wie $4x + 7 = 0$ bzw. quadratische Gleichungen wie $x^2 + 12x + 4 = 0$. Unter einer allgemeinen Polynomgleichung vom Grad n versteht man einen Ausdruck der Form:

$$x^n + a_{n-1}x^{n-1} + \ldots + a_2x^2 + a_1x + a_0 = 0,$$

wobei n eine natürliche Zahl ist und die Koeffizienten a_k rationale Zahlen sind. Zahlen, die Lösung einer solchen Polynomgleichung sind, heißen algebraisch.
So sind alle rationalen Zahlen algebraisch, denn beispielsweise ist $\frac{5}{8}$ Lösung der Gleichung $8x-5=0$. Auch viele irrationale Zahlen sind algebraisch. Zum Beispiel ist $\sqrt{2}$ Lösung der Gleichung $x^2-2=0$.
Alle anderen reellen Zahlen, die also nicht algebraisch sind, nennt man transzendent, denn sie „übersteigen" jede algebraische Gleichung.
Im Jahr 1882 bewies Ferdinand Lindemann (1852–1939) die Transzendenz von π und löste damit eines der klassischen Probleme der Antike. Mit seinem Ergebnis stellte er klar, dass die Quadratur des Kreises mit Zirkel und Lineal in endlich vielen Schritten nicht möglich ist.
Bereits neun Jahre zuvor zeigte Charles Hermite (1822–1901), dass die eulersche Zahl e transzendent ist. π und e sind die beiden Standardbeispiele für transzendente Zahlen, die man im Mathematikunterricht in der Schule kennenlernt.

Unendliche Reihen und Produkte

Wenn wir die Quadratzahlen der Größe nach aufschreiben und addieren

$$1^2 + 2^2 + 3^2 + 4^2 + 5^2 + 6^2 + \dots,$$

dann wächst der Wert dieser Summe sicherlich über jede Schranke. Jetzt betrachten wir nicht die Quadratzahlen selbst, sondern die Summe ihrer Kehrwerte, d.h. die Summe der reziproken Quadratzahlen, also

$$\frac{1}{1^2} + \frac{1}{2^2} + \frac{1}{3^2} + \frac{1}{4^2} + \frac{1}{5^2} + \frac{1}{6^2} + \dots$$

Diese Summe besteht zwar auch aus unendlich vielen positiven Summanden, aber dennoch wächst sie nicht über jede Schranke, sie besitzt – wie wir im Text zum Bild „Unendlich" festgestellt haben – einen endlichen Wert, nämlich $\frac{\pi^2}{6}$. Es ist schon erstaunlich, dass bei einer solchen Summe die Kreiszahl auftaucht und sich somit ein zunächst unvermuteter Zusammenhang ergibt.
Jetzt variieren wir diese unendliche Reihe, indem wir ausschließlich die Kehrwerte der Quadrate ungerader Zahlen bzw. gerader Zahlen betrachten. Als Summenwert erhalten wir jedes Mal einen bestimmten Bruchteil von π^2.

$$\frac{1}{1^2} + \frac{1}{3^2} + \frac{1}{5^2} + \frac{1}{7^2} + \frac{1}{9^2} + \dots = \frac{\pi^2}{8}$$

$$\frac{1}{2^2} + \frac{1}{4^2} + \frac{1}{6^2} + \frac{1}{8^2} + \frac{1}{10^2} + \dots = \frac{\pi^2}{24}$$

Eine ebenso schöne wie erstaunlich einfache Darstellung entwickelte der schottische Mathematiker James Gregory (1638–1675) aus der Reihenentwicklung für den Arcustangens:

$$\frac{\pi}{4} = 1 - \frac{1}{3} + \frac{1}{5} - \frac{1}{7} + \frac{1}{9} - \dots$$

Es gibt nicht nur unendliche Summen, sondern auch unendliche Produkte. Auch diese liefern Formeln für π. Leicht zu merken, ist das Ergebnis von John Wallis (1616–1703):

$$\frac{\pi}{2} = \frac{2}{1} \cdot \frac{2}{3} \cdot \frac{4}{3} \cdot \frac{4}{5} \cdot \frac{6}{5} \cdot \frac{6}{7} \cdot \dots$$

Den Boom für solche Darstellungen für π lösten die Fortschritte in der Analysis aus. Ab der Mitte des 17. Jahrhunderts standen den Mathematikern entsprechende Methoden zur Verfügung, deren Anwendungen eine Fülle von Zusammenhängen von π mit unendlichen Reihen und Produkten lieferten.

Möchte man mit Hilfe der obigen Summen einige Dezimalstellen von π bestimmen, muss man mühsam addieren, da die Reihenentwicklungen nur sehr langsam konvergieren. Ganz anders verhält sich die unendliche Summe, die der geniale indische Mathematiker Srinivasa Ramanujan 1914 aufgestellt hat. Wir sind ihm bereits bei „Hardys Taxi" begegnet. Ramanujan hatte eine intuitive Fähigkeit an Zahlenbeispielen bestimmte Muster zu entdecken und daraus sofort Verallgemeinerungen zu entwickeln. Seine besondere Inspirationsgabe führte ihn auch zu einer schnell konvergierenden Reihe für π:

$$\frac{1}{\pi} = \frac{\sqrt{8}}{9801} \sum_{n=0}^{\infty} \frac{(4n)!(1103 + 26930n)}{(n!)^4 396^{4n}}$$

Wir haben in der Summendarstellung das Symbol „!" (gesprochen: Fakultät) verwendet. Dies ist eine abgekürzte Schreibweise für das Produkt aufeinanderfolgender natürlicher Zahlen:

$$3! = 1 \cdot 2 \cdot 3 = 6; \qquad 8! = 1 \cdot 2 \cdot 3 \cdot 4 \cdot 5 \cdot 6 \cdot 7 \cdot 8 = 40320;$$

Dieses Symbol können Sie übrigens im Bild „Zeichen und Zahlen" finden.
Bereits das erste Element in Ramanujans Summendarstellung (also nur $n = 0$ einsetzen) liefert sechs Dezimalstellen für π, nämlich 3,141592…
Wir nehmen den nächsten Summanden hinzu, damit erhalten wir zwei weitere Dezimalstellen: 3,14159265…

Kaum zu glauben – und doch wahr!

Die folgende Geschichte klingt wie schlecht erfunden; sie hat sich aber so zugetragen und beweist, welch peinliche Auswirkungen mangelnde Mathematikkenntnisse haben können. Anhand von Parlamentsprotokollen der Indiana State Library lassen sich die Ereignisse nachvollziehen.
Im Jahr 1897 wäre im US-Bundesstaat Indiana beinahe per Gesetz für die Zahl π der Wert $\frac{16}{\sqrt{3}} = 9{,}2376$ festgelegt worden. Bei dieser Berechnung von π liegt ein gewisser Herr Goodwin nicht nur heftig daneben, sondern er glänzt zudem durch viel Dummheit und Ignoranz. Wie genau gibt dagegen die Bibel den Wert von π mit der Zahl 3 an. Eugen Jost weist uns in der Umrahmung seines Bildes darauf hin.
Doch zurück nach Indiana. Wir befassen uns mit dem Gesetz Nr. 246 (*A bill introducing a new Mathematical Truth*), das am 18. Januar 1897 im Repräsentantenhaus dieses Staates eingebracht und am 5. Februar in erster Lesung einstimmig verabschiedet wurde. Der eigentliche

Initiator des Gesetzentwurfs war der Arzt Edwin J. Goodwin. Er leistete hervorragende Überzeugungsarbeit bei seinem Wahlkreisabgeordneten Taylor I. Record. Goodwin argumentierte folgendermaßen: Wenn seine mathematische Entdeckung Gesetz wird, dann profitiert der Staat Indiana. Beispielsweise könnte seine Berechnung von π in den Schulbüchern Indianas kostenlos abgedruckt werden, während alle anderen Staaten dafür Gebühren entrichten müssten. Wenn es um Geld geht, lassen sich Abgeordnete anscheinend leicht beeinflussen! Natürlich ist dieses Angebot völlig bedeutungslos, da es kein Copyright auf mathematische Wahrheiten gibt. Aber dies war in Indiana anscheinend nicht allgemein bekannt. Zudem war keiner der Abgeordneten in der Lage, den mathematischen Unsinn des Herrn Goodwin zu durchschauen.

Die große Lachnummer blieb dem Staat Indiana durch eine glückliche Fügung erspart. Zufälligerweise hielt sich der Mathematikprofessor C. A. Waldo von der Purdue-Universität im Parlamentsgebäude auf und bekam die Debatte über das Mathematikgesetz mit. Er war entsetzt, wie weit die Gesetzgebung bereits fortgeschritten war und zog beherzt die Notbremse. An ihn wurde zwar die Bitte herangetragen, sich mit dem „gelehrten Arzt“ zu treffen, doch dies lehnte Waldo mit der Begründung ab, dass er „schon genügend verrückte Leute“ kenne. Ihm gelang es schließlich, die Senatoren zu überzeugen, wie unsinnig die ganze Angelegenheit ist. Am 12. Februar entschied der Senat von Indiana, die Diskussion über das Gesetz Nr. 246 auf unbestimmte Zeit zu vertagen. Bis heute stand es nicht mehr auf der Tagesordnung!

Literatur zum Thema

- Basieux, Pierre: Die Top Ten der schönsten mathematischen Sätze. Rowohlt-Verlag 2000
- Beckmann, Petr: A History of π. St. Martin's Press 1971
- Berggren, Lennart u.a.: Pi: A Source Book. Springer-Verlag 1997
- Blatner, David: π, Magie einer Zahl. Rowohlt-Verlag 2000

Quadratur des Kreises

Was will man mit der Redewendung „Das ist die Quadratur des Kreises" ausdrücken?

Ein Problem aus der Antike:
Konstruiere zu einem gegebenen Kreis ein Quadrat, das den gleichen Flächeninhalt hat. Die Konstruktion darf nur mit Zirkel und Lineal erfolgen.
Erst 1872 hat Ferdinand Lindemann (1852–1939) die Unmöglichkeit der Quadratur des Kreises nachgewiesen (Transzendenz von π).

Wie kann man die geometrische Figur des Bildes deuten?

Die Zahl im Rahmen gibt die Seitenlänge des Quadrats an, dessen Flächeninhalt mit dem des Einheitskreises übereinstimmt.

Quadratur des Kreises

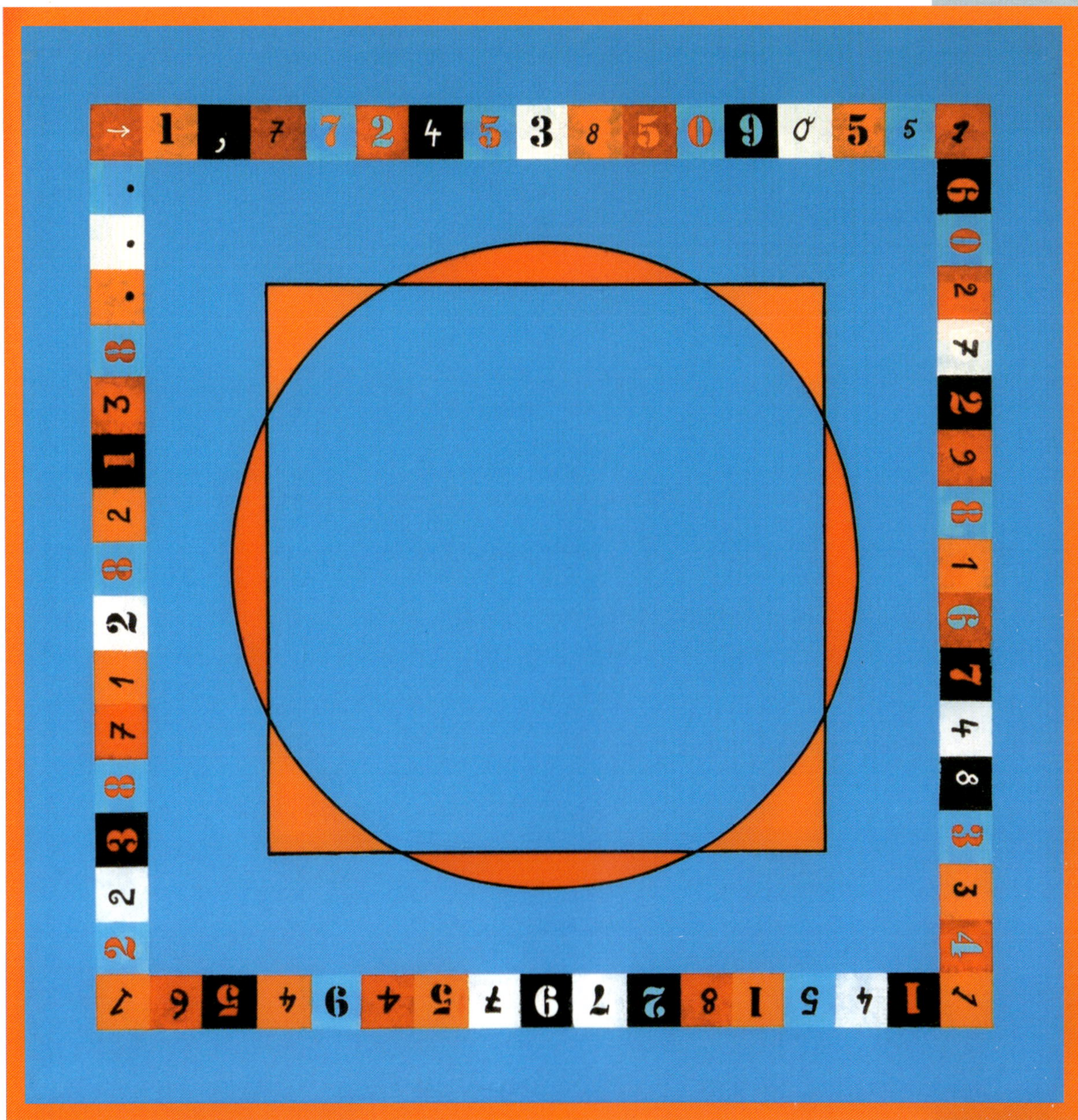

© Eugen Jost, CH-3604 Thun
Acryl auf Leinwand, 60 cm x 60 cm

„Zu den kaum beachteten positiven Auswirkungen des Fernsehens gehört, dass die Menschen heute vor dem Bildschirm sitzen, statt Abhandlungen über die Quadratur des Kreises zu verfassen."

Underwood Dudley

Neben der Dreiteilung eines beliebigen Winkels und der Konstruktion eines Würfels mit doppeltem Volumen eines gegebenen Würfels gehört die Quadratur des Kreises zu den sog. klassischen Problemen der Antike. Erst im 19. Jahrhundert gelang es, die Unmöglichkeit dieser Konstruktionsaufgaben zu zeigen. Dennoch lassen sich mathematikinteressierte Laien bis heute nicht davon abhalten, weiterhin vermeintliche Lösungen an Mathematikinstitute zu versenden. Glücklicherweise nimmt mittlerweile die Zahl dieser Abhandlungen stark ab, wie obiges Zitat andeutet.
Worum geht es bei dem Problem der Quadratur des Kreises? Zu einem vorgegebenen Kreis lassen sich ohne Schwierigkeiten Quadrate konstruieren, die einen größeren bzw. kleineren Flächeninhalt als der Kreis besitzen.
Jetzt sollen wir aber zu einem gegebenen Kreis ein Quadrat mit gleichem Flächeninhalt konstruieren. Dabei ist zu beachten, dass die Konstruktion gemäß der „Spielregeln" nur mit Zirkel und Lineal in endlich vielen Schritten erfolgen darf. Die Verwendung dieser Zeichengeräte ist zudem eingeschränkt: Den Zirkel verwenden wir nur zum Zeichnen eines Kreises um einen gegebenen Mittelpunkt (also nicht als Stechzirkel zum Abtragen der Länge einer Strecke), das Lineal nur zum Zeichnen einer Geraden durch zwei gegebene Punkte (also ohne Maßeinheit).
Der Grund für die Bevorzugung von Zirkel und Lineal mag gewesen sein, dass Kreise und Geraden als die Gebilde mit der größten Vollkommenheit und Harmonie angesehen wurden. Unter dem Einfluss der Philosophie Platons (ca. 429 – ca. 348 v. Chr.) wurde die Geometrie zu einem vornehmen, ästhetischen Denksport. Die Verwendung eines Lineals mit Maßeinteilung, von Zeichendreiecken oder anderer Hilfsmittel wäre schon verdächtig nahe bei handwerklicher Tätigkeit und war daher indiskutabel.
Die Beschäftigung mit den genannten klassischen Problemen lieferte bereits in der Antike bedeutende Beiträge zur Entwicklung der Geometrie. Denn die antiken Wissenschaftler ersannen z. T. brillante Lösungen, allerdings benötigten sie zusätzliche, also „verbotene" Hilfsmittel. Dazu gehörten u. a. sog. höhere Kurven wie z. B. Konchoide, Cissoide und Quadratrix.
Bereits die Erzeugung dieser Kurven erweist sich als interessant. Betrachten wir als Beispiel die Quadratrix. In einem Quadrat ABCD finden gleichzeitig zwei gleichförmige Bewegungen statt:

- Die Seite [AD] wird um A nach [AB] gedreht.
- Die Seite [CD] wird parallel in Richtung [AB] verschoben.

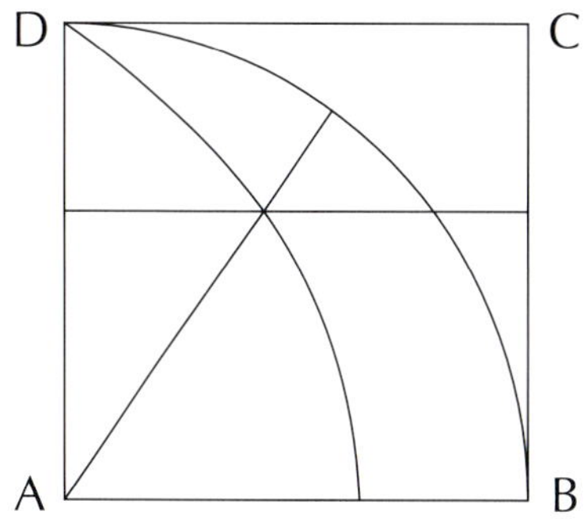

Beginnen und enden beide Bewegungen gleichzeitig, so erzeugen die Schnittpunkte der beiden bewegten Seiten punktweise eine Kurve, die sog. Quadratrix.

Liegt der Eckpunkt A des Quadrats im Ursprungspunkt $(0, 0)$ eines Koordinatensystems und wählt man als Länge der Quadratseite $\overline{AB} = 1$, dann schneidet die Quadratrix die Seite [AB] im Punkt $(\frac{2}{\pi}, 0)$. Daraus lässt sich dann die Streckenlänge π bzw. $\sqrt{\pi}$ konstruieren. Ursprünglich hat man die Quadratrix zur Dreiteilung eines Winkels benutzt. Denn mit ihrer Hilfe lässt sich die Winkeldreiteilung auf die Dreiteilung einer Strecke zurückführen.

Auch in späterer Zeit befassten sich immer wieder bedeutende Mathematiker (wie René Descartes (1596–1650)) und berühmte Künstler (wie Albrecht Dürer (1471–1528)) mit diesen klassischen Problemen. Aber auch die bereits erwähnten mathematischen Laien wurden aktiv. Die wohl aufgrund der leicht zu verstehenden Aufgabenstellungen große Popularität dieser Problemstellungen verdeutlicht ein Beschluss der Pariser Akademie aus dem Jahr 1775:

> *« L'Académie a pris, cette année, la résolution de ne plus éxaminer aucune solution des problèmes de la duplication du cube, de la trisection de l'angle ou de la quadrature du cercle, ni aucune machine annoncée comme un movement perpétuel.»*

Nachdem im Laufe der Jahrhunderte keine Lösungen mit Zirkel und Lineal gefunden wurden, versuchte man nun umgekehrt die Unmöglichkeit dieser Lösungen nachzuweisen. Der Schlüssel für den Erfolg lag im Übergang von der rein geometrischen Behandlung dieser geometrischen Probleme zur algebraischen Behandlung. Mit den Fortschritten in der Theorie der algebraischen Gleichungen im 19. Jahrhundert begann man auch algebraische Kriterien für die Lösbarkeit einer Konstruktionsaufgabe mit Zirkel und Lineal aufzustellen. Insbesondere zwei Mathematiker lieferten dazu grundlegende Beiträge: Carl Friedrich Gauß (1777–1855) und Evariste Galois (1811–1832).

Bei der Quadratur des Kreises handelt es sich um ein mathematisches Problem, das sprichwörtlich geworden ist. Im Alltag will man mit dieser Formulierung ausdrücken, dass eine vorliegende Aufgabe überaus schwer zu lösen ist. Unser mathematisches Problem ist sogar, wie wir bereits gesagt haben, überhaupt nicht lösbar.
Was wäre zu tun? Eigentlich klingt es ganz einfach. Wir betrachten den Einheitskreis, der den Flächeninhalt π besitzt, und wollen ein Quadrat mit demselben Flächeninhalt erstellen. Was soll daran schwierig sein? Wir müssen doch lediglich eine Strecke der Länge $\sqrt{\pi}$ oder – was äquivalent dazu ist – der Länge π konstruieren.

Vergeblich versuchte man sich bis in das 19. Jahrhundert hinein an der Lösung dieser Aufgabe. 1882 war das Jahr der Wende. Es gelang zwar nicht, den Kreis zu quadrieren, stattdessen bewies Ferdinand Lindemann (1852–1939), dass dieses Problem unlösbar ist, indem er die Transzendenz von π zeigte. Lindemann promovierte übrigens 1873 bei Felix Klein (1849–1925) in Erlangen. Er selbst war u.a. Doktorvater des berühmten Geometers David Hilbert (1861–1943).
Wir müssen noch klären, warum mit dem Transzendenzbeweis die Unmöglichkeit der Quadratur des Kreises mit Zirkel und Lineal feststeht. Mit den beiden genannten Konstruktionswerkzeugen, also mit Zirkel und Lineal, lassen sich aus einer Strecke der Länge 1 nur solche Längen (und damit auch Quadratflächen) erzeugen, deren Zahlenwerte aus der Zahl 1 durch die vier Grundrechenarten (Addition, Subtraktion, Multiplikation, Division) und durch das Quadratwurzelziehen hervorgehen, und zwar in jeweils beliebiger Kombination und Wiederholung. Die Konstruktion der Wurzel einer vorgegebenen Länge erfolgt mit Hilfe des Höhensatzes oder des Kathetensatzes. Solche konstruierbaren Zahlen

gehören zu dem Bereich der sog. algebraischen Zahlen. Transzendent heißt nun „nicht algebraisch". Die Transzendenz von π bedeutet somit, dass π sich nicht aus 1 mit Zirkel und Lineal konstruieren lässt und damit auch nicht $\sqrt{\pi}$, die Seitenlänge des Quadrats mit der Fläche π. Der innere Rahmen des Bildes zeigt die Zahl $\sqrt{\pi}$ – zumindest den Anfang der unendlichen Dezimalbruchentwicklung:

Quadratur des Rechtecks

Im Unterschied zur Quadratur des Kreises ist die Quadratur eines Rechtecks möglich. Sowohl unter Zuhilfenahme des Höhensatzes als auch des Kathetensatzes lässt sich aus einem Rechteck ein flächengleiches Quadrat konstruieren. Zur Erinnerung die beiden Lehrsätze:

Höhensatz:
Im rechtwinkligen Dreieck ist das Quadrat über der Höhe flächengleich dem Rechteck aus den beiden Hypotenusenabschnitten.

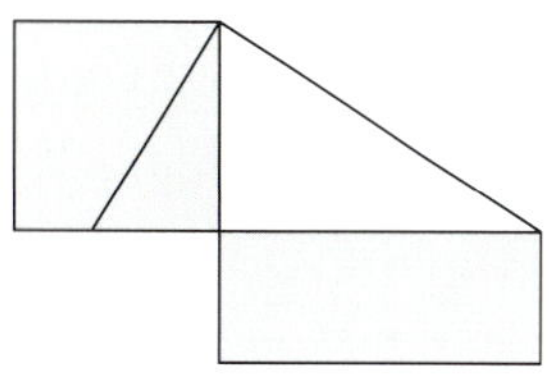

Kathetensatz:
Im rechtwinkligen Dreieck ist das Quadrat über einer Kathete flächengleich zum Rechteck aus der Hypotenuse und dem anliegenden Hypotenusenabschnitt.

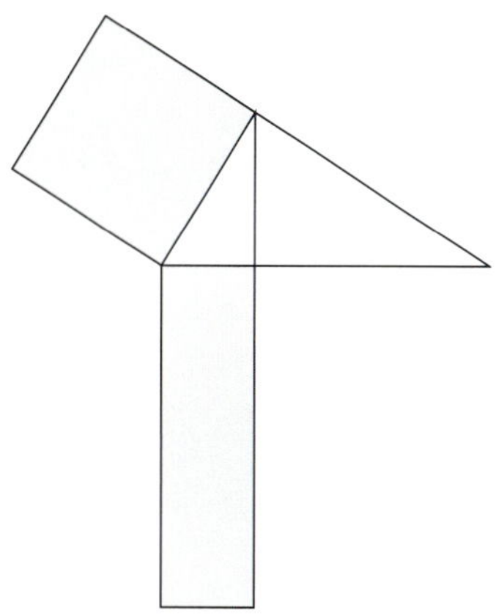

Hinweis: Wendet man den Kathetensatz auf beide Katheten an, so erhält man den *Lehrsatz des Pythagoras*:

Im rechtwinkligen Dreieck ist die Summe der Flächen der beiden Quadrate über den Katheten gleich der Fläche des Quadrats über der Hypotenuse.

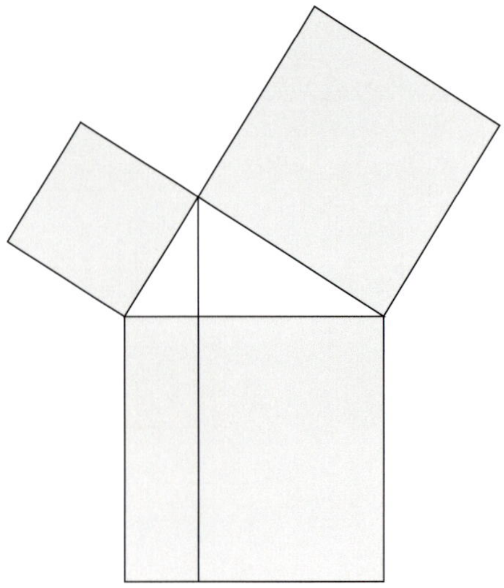

Auch wenn ihre Zahl zurückgegangen ist, ein echter Kreisquadrierer lässt sich durch einen Unmöglichkeitsbeweis keineswegs von seinem heroischen Feldzug gegen das in seinen Augen die Wahrheit nicht sehen wollende mathematische Establishment abhalten. Übrigens begegnet man immer nur Kreisquadrierern bzw. Winkeltrisektierern. Diese Tätigkeit scheint eine Domäne des männlichen Geschlechts zu sein. Beschäftigen sich Damen in ihrer Freizeit nicht mit Mathematik? Das wäre eine bedauerliche Entwicklung, zumal es beispielsweise in England im 18. und 19. Jahrhundert eine Frauenzeitschrift gab, die sich ausschließlich mathematischen Unterhaltungs- und Knobelaufgaben widmete. *The Lady's Diary or Woman's Almanach* versprach seinen Leserinnen: *"... The cultivation of your minds will increase your attractiveness."* Vielleicht ist die Erklärung einfacher, als man zunächst denken mag. Frauen haben ein ausgeprägteres Gespür als Männer für die Unterscheidung von sinnvollen und nicht sinnvollen Betätigungen.

Literatur zum Thema

- Aumann, Günter: Euklids Erbe. Wissenschaftliche Buchgesellschaft 2006
- Baptist, Peter: Pythagoras und kein Ende? Klett-Verlag 1997
- Blatner, David: π, Magie einer Zahl. Rowohlt-Verlag 2000
- Dudley, Underwood: A Budget of Trisections. Springer-Verlag 1987
- Mäder, Peter: Mathematik hat Geschichte. Metzler-Schulbuchverlag 1992

Mittelmeergeometrie

Pythagoras von Samos (ca. 570 v. Chr. – ca. 500 v. Chr.)
Wie lautet der Satz des Pythagoras?

Über die Entdeckung des Lehrsatzes verfasste Adalbert von Chamisso (1781 – 1838) ein Sonett:

Die Wahrheit, sie besteht in Ewigkeit,
Wenn erst die blöde Welt ihr Licht erkannt:
Der Lehrsatz, nach Pythagoras benannt,
Gilt heute, wie er galt zu seiner Zeit.

Ein Opfer hat Pythagoras geweiht
Den Göttern, die den Lichtstrahl ihm gesandt;
Es taten kund, geschlachtet und verbrannt,
Ein Hundert Ochsen seine Dankbarkeit.

Die Ochsen seit dem Tage, wenn sie wittern,
Dass eine neue Wahrheit sich enthülle,
Erheben ein unmenschliches Gebrülle.

Pythagoras erfüllt sie mit Entsetzen;
Und machtlos, sich dem Licht zu widersetzen,
Verschließen sie die Augen und erzittern.

Mittelmeergeometrie

© Eugen Jost, CH-3604 Thun
Acryl auf Leinwand, 60 cm x 60 cm

„Die Geometrie birgt zwei große Schätze: Der eine ist der Satz von Pythagoras, der andere ist die Teilung nach dem extremen und dem mittleren Verhältnis. Den ersteren können wir mit einem Scheffel Gold vergleichen, den zweiten dürfen wir ein kostbares Juwel nennen."

Johannes Kepler (1571–1630)

Das kostbare Juwel haben wir bereits im Zusammenhang mit den Fibonacci-Zahlen bei den Bildern „Girasole" und „Unendlich" erwähnt. Jetzt greifen wir kräftig in die Schatztruhe der Geometrie und holen den Scheffel Gold heraus. Er bildet die Grundlage für die abwechslungsreiche Mittelmeergeometrie.

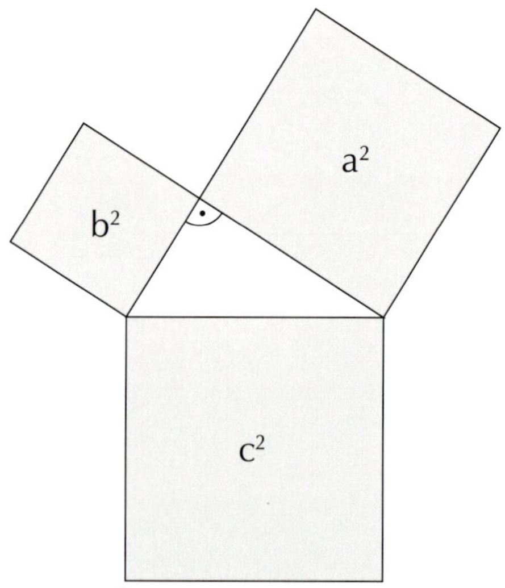

In einem rechtwinkligen Dreieck ist das Quadrat über der Hypotenuse c flächengleich der Summe der beiden Quadrate über den Katheten a bzw. b. D. h. es gilt:

$$a^2+b^2=c^2.$$

Der Lehrsatz des Pythagoras wird den Klassikern der Wissenschaft zugeordnet. Wohl wegen seines ästhetischen Reizes haben sich mit ihm Mathematiker und Amateure zu allen Zeiten befasst. Daher gibt es eine große Zahl unterschiedlicher Beweise. Der amerikanische College-Professor Elisha Scott Loomis hat in seinem Buch *The Pythagorean Proposition* ca. 370 verschiedene Beweise publiziert. Und das sind längst nicht alle, die es gibt. Der Lehrsatz ist ein Beispiel wirklich substanzieller Mathematik innerhalb des Schulstoffs. Worin liegt dies begründet?

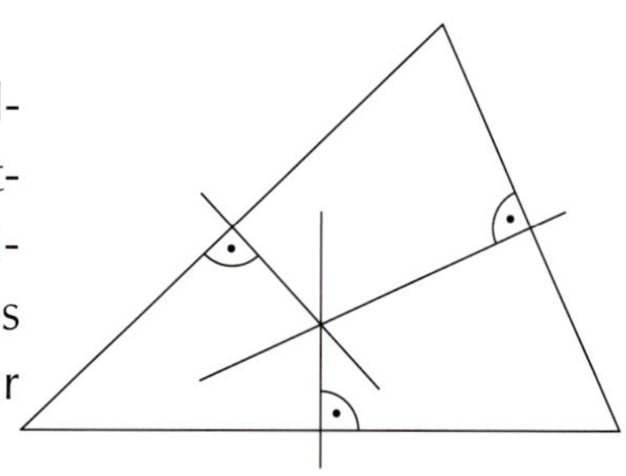

Im Unterschied zu vielen anderen Inhalten der Elementargeometrie (z. B. Schnitteigenschaft der Mittelsenkrechten im Dreieck) lässt sich die Aussage des Lehrsatzes nicht auf den ersten Blick aus der Figur entnehmen.

Somit kommt hier dem Beweis eine zweifache Bedeutung zu. Er dient zum einen der Erkenntnissicherung, zum anderen ermöglicht er erst Einsicht in die Aussage selbst. Es wird also nicht nur verifiziert, was man an einer guten Zeichnung sofort ablesen kann.

Dem ersten Beweis auf der Spur

Die Aussage des Lehrsatzes war lange vor der Zeit des Pythagoras (ca. 580–ca. 500 v. Chr.) bekannt. Daher verwundert es schon, dass der Lehrsatz dann ausgerechnet mit Pythagoras in Verbindung gebracht wurde. Wann dies geschehen ist und durch wen, das lässt sich nicht mehr feststellen. Hier kommt einem das gängige Bonmot in den Sinn: Die Tatsache, dass ein Lehrsatz in der Mathematik nach einer bestimmten Person benannt ist, gibt ein sicheres Indiz dafür ab, dass diese Person damit nichts zu tun hat. Diese Aussage trifft hier wohl doch nicht zu, denn Pythagoras – oder genauer gesagt seine Schule – hat schon etwas mit diesem Lehrsatz zu tun.

Den Pythagoreern wird nämlich ein erster Beweis dieses Lehrsatzes zugeschrieben. Allerdings ist der Beweis nicht überliefert, so dass sich lediglich Spekulationen über seine Art anstellen lassen. Man vermutet, dass er durch ein vergleichendes Betrachten folgender Figuren geführt wurde, die Eugen Jost ebenfalls in seinem Bild aufgreift. Es handelt sich hierbei um einen sog. *Ergänzungsbeweis*.

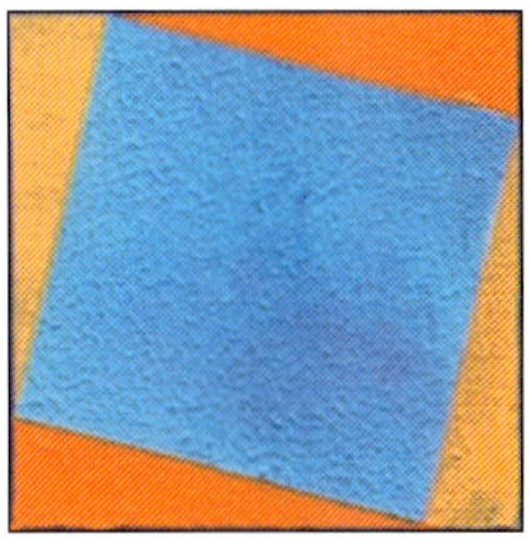

Die beiden Quadrate mit den Seitenlängen a bzw. b sowie das Hypotenusenquadrat (Seitenlänge c) werden durch Hinzufügen von je vier kongruenten rechtwinkligen Dreiecken (mit den Katheten a, b und der Hypotenuse c) zu jeweils einem Quadrat mit der Seitenlänge $a + b$ ergänzt. Dabei wird die den Pythagoreern bekannte Tatsache verwendet, dass die Innenwinkelsumme im Dreieck 180° beträgt. Somit ist gezeigt:

Das Quadrat über der Hypotenuse ist flächengleich der Summe der Quadrate über den Katheten.

Pentagramm und Irrationalität

Den fünfzackigen Stern, das Pentagramm, wählten die Pythagoreer zu ihrem Erkennungszeichen. Diese Anhänger des Pythagoras bildeten eine Art Sekte, die nach strengen Regeln lebte. Im Zentrum ihrer Lehre stand die Mathematik, denn Gott hat – zumindest ihrer Meinung nach – den Kosmos nach Zahlen geordnet. Auf den Punkt gebracht heißt dies: „Alles ist Zahl."
Zahlen waren für die Pythagoreer natürliche Zahlen und Verhältnisse natürlicher Zahlen. Gewaltig erschüttert wurde die antike Mathematik etwa um 450 v. Chr., als einer der Pythagoreer, nämlich Hippasos von Metapont, entdeckte, dass es Strecken gibt, die kein gemeinsames Maß besitzen, also inkommensurabel sind. Heutzutage bezeichnet man solche Längen als irrational. Damit war die Grundlage der pythagoreischen Lehre in Frage gestellt. Besonders pikant ist es, dass Hippasos gerade am Pentagramm, dem eigenen „Vereinsabzeichen", zu seiner Erkenntnis gelangte.
Die Strecken des Pentagramms schneiden sich nämlich so, dass sie von den Schnittpunkten im Verhältnis des goldenen Schnitts $\frac{1}{2}(\sqrt{5}+1)$ geteilt werden. Verbindet man die Spitzen des Pentagramms, so entsteht ein regelmäßiges Fünfeck. Auch hier tritt der goldene Schnitt auf, und zwar als Verhältnis der Längen einer Diagonale zu einer Seite.
Ein weiteres Bildelement der „Mittelmeergeometrie", nämlich das Einheitsquadrat mit der Diagonale, weist auf eine andere Irrationalzahl hin. Der Lehrsatz des Pythagoras liefert die Diagonalenlänge $\sqrt{2}$. Die angeführten Bruchzahlen stellen rationale Näherungswerte dar.
Die Entdeckung der Inkommensurabilität hatte übrigens weitreichende Folgen für die Entwicklung der griechischen Mathematik. Man wandte sich ab von der Lehre der Zahlen und betrieb fortan verstärkt Geometrie.

Knotenseil – Seilspanner

Bereits um 2300 v. Chr. hat man in Ägypten rechtwinklige Dreiecke mit den Seitenlängen 3, 4, 5 gekannt. Diese Erkenntnis nutzen sog. Seilspanner, die Harpedonapten, um rechte Winkel mit Hilfe eines Knotenseils zu konstruieren. Ein zwölf Längeneinheiten langes Seil ist an den Enden zusammengeknüpft, und im Abstand von einer Längeneinheit befinden sich jeweils Knoten. Wird das Seil am ersten, vierten und achten Knoten festgehalten und gespannt, so entsteht am vierten Knoten ein rechter Winkel:

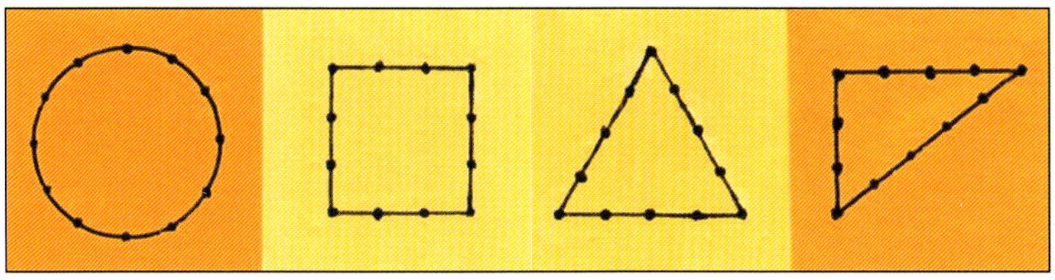

Als aufmerksamer Leser haben Sie sicherlich bemerkt, dass die Seilspanner nicht den Lehrsatz des Pythagoras, sondern seine Umkehrung verwenden. Denn sie starten mit einem Dreieck, dessen Seitenlängen die Gleichung $3^2 + 4^2 = 5^2$ erfüllen, und erhalten als Ergebnis ein rechtwinkliges Dreieck. Die geometrische Interpretation dieser Gleichung führt zu der berühmten Pythagoraskonfiguration. So ist es verhältnismäßig wahrscheinlich, dass die Umkehrung der Aussage des Lehrsatzes älter ist als der Satz selbst.
Diese schöne Geschichte mit den Seilspannern hat noch einen kleinen Haken. Es fehlt ein konkreter Beleg. Keine Tempelinschrift, kein Papyrustext enthält entsprechende Angaben. Unsere Quelle ist der griechische Historiker und Geograph Herodot (484–430 v. Chr.), und Generationen von Autoren haben die Information ohne weitere Überprüfung übernommen.

Babylon trifft Schopenhauer

Auch die andere große antike Kulturnation, die Babylonier, wussten um 1800 v. Chr., dass ein Dreieck mit den Seiten 3, 4, 5 rechtwinklig ist. Für den Spezialfall des gleichschenklig rechtwinkligen Dreiecks kannten sie wahrscheinlich eine anschauliche Begründung des Lehrsatzes. Bei Ausgrabungen wurde eine Tontafel mit folgender Figur samt Text gefunden:

„1 ist die Länge. Ein Quadrat; in sein Innerstes habe ich acht Dreiecke gelegt. Was sind ihre Flächen?"

Mit Sicherheit kannten die Babylonier keine allgemeine Formulierung des Lehrsatzes und damit auch keinen allgemeinen Beweis. Sie waren nur in der Lage, die Aussage auf die Seiten und die Diagonale eines Rechtecks bzw. Quadrats zu beziehen. Ihnen fehlte der Winkelbegriff, daher hatten sie keine Veranlassung, Aussagen über Dreiecke im Allgemeinen zu formulieren. Und dann macht es auch keinen Sinn, rechtwinklige, also besondere Dreiecke zu betrachten.

Eine Variation der babylonischen Figur hat es dem Philosophen Arthur Schopenhauer (1788–1860) angetan. Er vermisst bei dem Beweis zum Satz des Pythagoras in den *Elementen* des Euklid (ca. 300 v. Chr.) die Anschaulichkeit.

Daher bevorzugt er nebenstehende Figur, *„deren bloßer Anblick, ohne alles Gerede von der Wahrheit des Pythagorischen Lehrsatzes zwanzig Mal mehr Überzeugung giebt, als der Euklidische Mausefallenbeweis."*

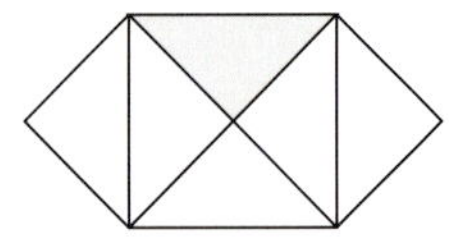

Natürlich erkennt Schopenhauer, dass es sich hier nur um den Beweis für den Spezialfall des rechtwinklig gleichschenkligen Dreiecks handelt. Einen entsprechenden Beweis für den allgemeinen Fall vermisst er noch.

Variationen

Ersetzen wir die Quadrate über den Seiten des rechtwinkligen Dreiecks durch andere Figuren, die ähnlich zueinander sind, dann gilt eine entsprechende Aussage. Die folgenden Abbildungen zeigen gleichseitige Dreiecke bzw. Halbkreise.

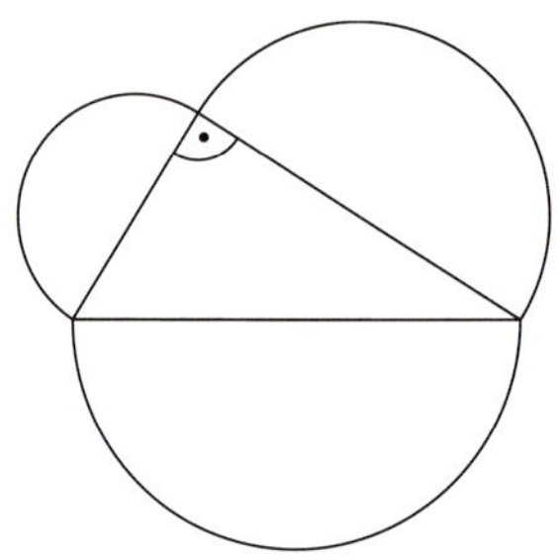

Klappen wir den Halbkreis unter der Hypotenuse nach oben, so erhalten wir die sog. *Möndchen des Hippokrates*.

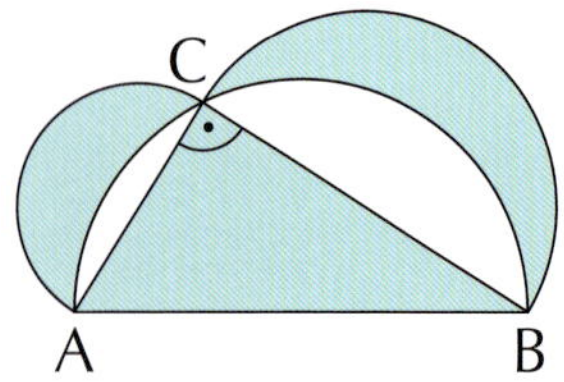

Wie man wirklich leicht sieht, ist die Fläche der beiden Möndchen gleich der Fläche des rechtwinkligen Dreiecks ABC. Damit gelang erstmals in der Mathematik die Quadratur einer krummlinig begrenzten Figur.

In der Geometrie verstehen wir unter einem Mond eine Figur, die von zwei Kreisbögen mit unterschiedlichen Radien begrenzt ist. Auf diese Figur wird man im Zusammenhang mit Untersuchungen zur Quadratur des Kreises aufmerksam geworden sein.
Jetzt haben Sie die Möglichkeit, sich als Elementargeometer zu bewähren: Konstruieren Sie mit Zirkel und Lineal das Möndchen auf dem Bild von Eugen Jost und weisen Sie die Flächengleichheit mit dem gleichschenklig rechtwinkligen Dreieck nach!

Mathematische Töne

Die Angabe von Tönen, die (Quinten-)Spirale und ein berühmter Quotient weisen auf eine Verbindung von Musik und Mathematik hin, die auch auf die Pythagoreer zurückgeht. Experimente mit einer schwingenden Saite, die in bestimmte Längenverhältnisse unterteilt wurde, führten zu mathematischen Berechnungen des Tonsystems. Als erster definierte Philolaos (470–390 v. Chr.) das sog. *pythagoreische Komma*. Dieses Intervall von etwa einem Achtelton tritt in der reinen Stimmung als Unterschied von sieben Oktaven (Proportion 2 : 1) zu zwölf Quinten (Proportion 3 : 2) auf. Rechnerisch erhalten wir den Quotienten

$$\frac{\left(\frac{2}{1}\right)^7}{\left(\frac{3}{2}\right)^{12}} = \frac{524288}{531441} = 0{,}98654\ldots$$

Es müsste aber eigentlich der Wert 1 herauskommen. Aufgrund dieses Unterschieds lässt sich ein Klavier, das pro Oktave nur 12 verschiedene Töne erzeugen kann, nicht so stimmen, dass es in allen Tonarten mit reinen Intervallen gespielt werden kann. Beim Stimmen des Instruments versucht man daher diesen „Fehler“ möglichst sinnvoll auf alle Töne zu verteilen.

Noch eine Verallgemeinerung

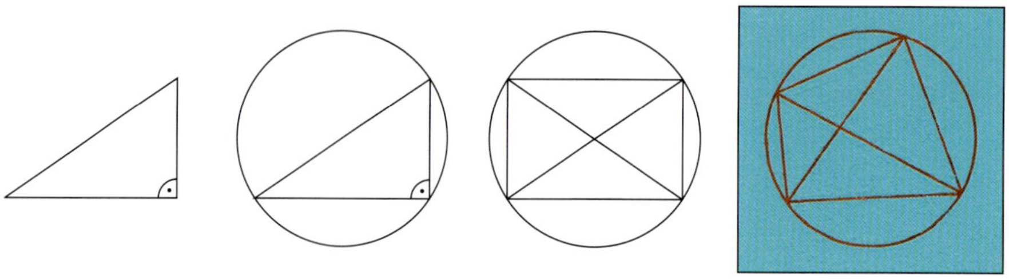

Die Bildfolge zeigt, wie man, ausgehend vom Lehrsatz des Pythagoras, durch das Variieren von Eckpunkten auf dem Umkreis zu einem Diagonalensatz für Sehnenvierecke, dem sog. *Satz des Ptolemaios*, gelangen kann:

> *In einem konvexen Sehnenviereck ist das Produkt der Längen der Diagonalen gleich der Summe der Produkte der Längen der beiden Paare von Gegenseiten.*

Dieser Lehrsatz hatte für Claudios Ptolemaios (ca. 100 – ca. 160 n. Chr.) eine eminent praktische Bedeutung: Er benötigte ihn zum Aufstellen der Sehnentafeln für seine astronomischen Berechnungen. Hier lässt sich ein Bedeutungswandel mathematischer Ergebnisse festmachen. Der Anwendungsaspekt wurde bedeutungslos und ist daher verloren gegangen. Übrig geblieben, ist eine interessante elementargeometrische Aussage, die mit einem klassischen Ergebnis in Verbindung gebracht werden kann.
Bekannt ist der Name Ptolemaios durch sein geozentrisches Weltbild, in dessen Mittelpunkt die Erde ruht, die von Sonne, Mond und anderen Planeten umkreist wird. Das Festhalten der katholischen Kirche an dieser Vorstellung führte im 17. Jahrhundert u. a. zu der berühmten Auseinandersetzung mit Galileo Galilei.

Literatur zum Thema

- Baptist, Peter: Pythagoras und kein Ende? Klett-Verlag 1997
- Heuser, Harro: Als die Götter lachen lernten. Piper-Verlag 1996[2]
- Hoehn, Alfred und Martin Huber: Pythagoras. Erinnern Sie sich? Orell-Füssli-Verlag 2005
- Loomis, Elisha Scott: The Pythagorean Proposition, NCTM 1968
- Singh, Simon: Fermats letzter Satz. Hanser-Verlag 1998

geheimnisvolle Codes

Das Bild zeigt einen zweidimensionalen QR-Code (Quick Response). In Japan nutzen täglich über 50 Millionen Menschen diesen Code mit ihren Mobiltelefonen.

Die im Bild verschlüsselte Botschaft stammt aus der Zeit des Pythagoras.

Vertrauter sind uns Strichcodes, die z. B. das Abrechnen an der Supermarktkasse erleichtern. Eine Prüfziffer soll Lesefehler vermeiden.

Mit einer zweidimensionalen Codierung lassen sich wesentlich mehr Informationen speichern und sogar Lesefehler korrigieren.

Anwendung:
Bahn- und Flugtickets, Postsendungen …

Geheimnisvolle Codes

© Eugen Jost, CH-3604 Thun
Acryl auf Leinwand, 60 cm x 60 cm

Das Wort „Code" hat viele Bedeutungen. Wir meinen damit eine Art und Weise, etwas eindeutig zu bezeichnen, wir sprechen aber auch von Geheimcodes. Die Codes, um die es hier geht, sind allerdings etwas anderes. Diese Codes schützen Daten davor, falsch gelesen zu werden. Mit anderen Worten: Wenn man einen solchen Code benutzt, bemerkt man, ob alles in Ordnung ist oder ob etwas nicht stimmt.

Die Anwendungen für solche „Fehler erkennenden Codes" sind zahlreich: Alle Kontonummern und alle Buchnummern sind so geschützt, auch die Nummern der Lokomotiven gehorchen einem Code. Allgegenwärtig sind die Strichcodes und die optischen Codes, etwa auf den Online-Tickets der Bahn.

Die Methode der Codierung ist grundsätzlich ganz einfach. Jeder Code wird durch ein „Muster" definiert; bei solchen Mustern kann man ganz leicht erkennen, ob es im Originalzustand ist oder ob es sich verändert hat. Ein banales Beispiel macht das klar: Stellen Sie sich eine Schokoladentafel vor. Es bedarf kaum eines Blickes, um zu erkennen, ob diese noch vollständig ist oder ob schon jemand daran geknabbert hat. Das liegt daran, dass die Stückchen in einem klaren Muster angeordnet sind. Stellen Sie sich nun ein Schälchen mit Schokolinsen vor. Um zu überprüfen, ob noch alle vorhanden sind, muss man mühsam abzählen.

Einfache Codes

Die mathematischen Codes besitzen natürlich bestimmte mathematische Muster. Wir machen uns das an einem Beispiel klar. Angenommen, die Information, die wir schützen wollen, besteht aus 5 Ziffern. Zum Beispiel sind 13579, 00100, 14159 solche Informationen. Wir erweitern jede solche Ziffernfolge um eine Ziffer, und zwar so, dass die Summe aller Ziffern (also die *Quersumme* der jetzt sechsstelligen Zahl) eine Zehnerzahl ergibt, d. h. eine Zahl, die ohne Rest durch 10 teilbar ist. Die oben genannte Zahl 13579 hat die Quersumme $1+3+5+7+9=25$. Fügen wir an die Zahl 13579 noch die Ziffer 5 an, dann ergibt sich die Quersumme

$$1+3+5+7+9+5=30,$$

und das ist eine Zehnerzahl. Entsprechend lauten die Codewörter zu den beiden anderen Informationsblöcken 001009 und 141590. Die hinzugefügte Ziffer wird „Kontrollziffer" genannt.

Das „Muster" bei diesem Code: Man wählt die Ziffern so, dass ihre Quersumme durch 10 teilbar ist. Dies erreicht man durch Anhängen einer geeignet gewählten Ziffer. Das Codewort wird somit um ein Zeichen länger.
Welche Eigenschaften hat dieser Code? Nach der zu Beginn aufgestellten Behauptung müsste man erkennen, wenn irgendetwas mit dem Codewort passiert ist. Stellen wir uns vor, eine Ziffer habe sich verändert. Das kann beim Lesen oder beim Schreiben oder bei der Übertragung passieren. Zum Beispiel könnte statt der 3 eine 8 übertragen worden sein. Bei solchen Codes muss man das Muster überprüfen, es reicht nicht, wie bei der Schokoladentafel, nur hinzuschauen. Überprüfen heißt testen, ob die empfangene Ziffernfolge ein Codewort ist, ob also die Quersumme eine Zehnerzahl ist: $1 + 8 + 5 + 7 + 9 + 5$ ergibt aber 35, also keine Zehnerzahl. Somit wird diese Zahl nicht als gültige Nachricht akzeptiert.
Wir haben uns zwar nur ein Beispiel überlegt, aber die entsprechende Tatsache gilt immer: Mit Dezimalcodes (beliebiger Länge) kann man jeden Fehler erkennen, solange sich dieser auf nur eine Stelle bezieht. Man spricht von „Codes, die Einzelfehler erkennen".

Gewichtung

Das reicht uns aber nicht. Wenn wir nämlich die Zahlen aussprechen, fassen wir oft zwei Ziffern zusammen, wir lesen 135795 etwa „dreizehn siebenundfünfzig fünfundneunzig". Und nur zu häufig schreiben wir statt „siebenundfünfzig" die Ziffernfolge 75, und schon ist ein sogenannter Vertauschungsfehler passiert. Die Ziffernfolge 137595 würde aber von einem einfachen Dezimalcode nicht als fehlerhaft entdeckt werden, da sie ja auch die Quersumme 30 hat.
Um Vertauschungsfehlern auf die Spur zu kommen, braucht man eine Methode, die die Unterscheidung aufeinanderfolgender Stellen erlaubt (beispielsweise um den Unterschied zwischen 57 und 75 zu erkennen). Die Idee dazu besteht in einer *Gewichtung*:
Man versieht z. B. die Stellen abwechselnd mit den Gewichten 2 und 1. Das bedeutet, dass jede Ziffer zunächst mit dem entsprechenden Gewicht multipliziert und erst dann die Summe berechnet wird. Die Kontrollziffer entsteht, indem man diese Summe zur nächsten Zehnerzahl ergänzt. Die Berechnung der Kontrollziffer erfolgt also nach folgendem Schema:

Information	1	3	5	7	9
Gewichte	2	1	2	1	2
Produkte (Ziffer x Gewicht)	$1 \cdot 2$	$3 \cdot 1$	$5 \cdot 2$	$7 \cdot 1$	$9 \cdot 2$

Als Summe berechnen wir

$$2+3+10+7+18=40.$$

Entsprechend erhält man als Kontrollziffer die Null, und das gesamte Codewort lautet 135790. Das „Muster“ besteht bei einem solchen „Dezimalcode mit Gewichtung“ darin, dass als Codewörter nur solche Ziffernfolgen zugelassen sind, deren „gewichtete Quersumme“ (über das gesamte Wort) eine Zehnerzahl ist.
Mit einem solchen Code kann man Vertauschungsfehler erkennen: Wenn statt 135790 die Ziffernfolge 137590 empfangen wird, berechnet man die gewichtete Quersumme:

$$1\cdot 2+3\cdot 1+7\cdot 2+5\cdot 1+9\cdot 2+0\cdot 1=42.$$

Da diese keine Zehnerzahl ist, wird diese Ziffernfolge nicht als Codewort akzeptiert.
Man kann nun versuchen, durch Variation der Gewichtung eine optimale Einzelfehlererkennung und Vertauschungsfehlererkennung zu erzielen. Zum Beispiel operieren die aus dem Supermarkt bekannten Strichcodes (manchmal auch Barcodes genannt) mit der Gewichtung 1–3–1–3–... Diese sog. EAN-Codes bestehen aus einer sieben- bzw. zwölfstelligen Artikelnummer, der eine Prüfziffer angefügt wird. Die Abkürzung EAN steht dabei für European Article Number.

9 783617 621165

Ermitteln wir nun die Prüfziffer des abgebildeten EAN-Codes. Dazu bestimmen wir zunächst die gewichtete Quersumme:

$$\begin{aligned}&9\cdot 1+7\cdot 3+8\cdot 1+3\cdot 3+6\cdot 1+1\cdot 3+7\cdot 1+\\&\quad+6\cdot 3+2\cdot 1+1\cdot 3+1\cdot 1+6\cdot 3=105.\end{aligned}$$

Die Prüfziffer des EAN-Codes ist die Differenz zum nächsten Vielfachen von zehn. Im obigen Beispiel:

$$110-105=5.$$

Überprüfen Sie jetzt einmal dieses Verfahren an Strichcodes beliebiger Produkte. Die ersten beiden Ziffern des EAN-Codes bezeichnen das Land, in dem der betreffende Artikel hergestellt wurde. Für Deutschland sind beispielsweise die Zahlen 40 bis 43 reserviert, für die Schweiz die Zahl 76. Dabei gelten folgende Ausnahmen: Bei Büchern steht am Anfang die Zahl 978 (vgl. unser obiges Beispiel) oder 979, bei Zeitungen und Zeitschriften 977. Die weiteren Ziffern sind die Artikel- sowie die Betriebsnummer.
Der EAN-Code erleichtert beim Einkaufen im Supermarkt das Registrieren der Waren an der Kasse. Der grafische Strichcode ist durch einen Scanner erfassbar, Tippfehler werden somit vermieden. Weitere Vorteile sind eine automatische Lagerhaltung, die weltweite Standardisierung und eine effiziente Kontrolle des Warenverkehrs.
Die traurige Nachricht ist jedoch: Man kann beweisen, dass solche Dezimalcodes nie beides hundertprozentig können, nämlich Einzelfehler und Vertauschungsfehler zu erkennen. Aus diesem Dilemma gibt es viele Auswege.
So kann man zu den zehn Ziffern ein weiteres Symbol (X) hinzufügen und orientiert sich dann nicht an Zehnerzahlen, sondern an Zahlen, die durch 11 teilbar sind. Dies ergibt Codes mit hervorragenden Eigenschaften, die bis vor einiger Zeit als ISBN-Codes zur Identifizierung von Büchern benutzt wurden. Eine andere Methode, die auf algebraischen Strukturen basiert, wurde bei der Nummerncodierung der letzten Generation der DM-Scheine benutzt.

Optische Codes

Seit 30 Jahren haben die Strichcodes die Welt erobert und sind aus unserem Alltag kaum mehr wegzudenken. Die „Striche" übersetzen allerdings „nur" die darunter stehende Ziffernfolge in eine maschinenlesbare Form. Dies geschieht auf raffinierte Weise durch schwarze und weiße Balken, die vier verschiedene Stärken annehmen können. Insbesondere wird dafür Sorge getragen, dass der Strichcode von beiden Seiten gelesen werden kann. Dazu muss der Scanner in der Lage sein, die Richtungen zu unterscheiden, um die richtige Information zu erhalten. Der beschriebene EAN-Code ist der bekannteste Vertreter. Doch ist seine Speicherkapazität auf sieben bzw. zwölf Stellen begrenzt.
Diese Strichcodes sind sozusagen eindimensional. Man liest von links nach rechts oder umgekehrt. Je mehr Informationen gespeichert werden sollen, desto mehr wächst der Strichcode in die Breite und wird immer unhandlicher.

Viele Anwendungen verlangen jedoch höhere Speicherkapazitäten. Ein Beispiel sind die Online-Tickets der Deutschen Bahn. Deren Codierung ist flächig, d.h. zweidimensional angelegt. Das Codewort beginnt in der Mitte und windet sich dann „spiralförmig“ (genaugenommen sind es quadratische Spiralen) nach außen.
Hier können wir die Codes immerhin noch sehen. In den nächsten Jahren werden viele dieser sichtbaren Codes durch RFIDs ersetzt werden (Radio Frequency IDentification). Das sind kleine elektronische Speicher, die alle benötigten Daten aufnehmen können; diese lassen sich kontaktlos auslesen. Technisch ist das natürlich viel besser, aber leider nichts für das Auge!

QR-Code

Eugen Jost verwendet in seinem Bild ebenfalls einen zweidimensionalen Code. Dabei handelt es sich um einen sog. *QR-Code*. (QR bedeutet quick response = schnelle Antwort.) Diese Codes können von einigen Handy-Modellen ausgewertet werden. Dazu muss der Code per Kamera aufgenommen und von einer speziellen Software gelesen werden. Dabei dienen die drei Quadrate in den Ecken des Codes zur Ausrichtung.
Der QR-Code besitzt – ähnlich wie der EAN-Code – die Eigenschaft, Fehler erkennen zu können. Allerdings bietet er noch weitreichendere Möglichkeiten. Bei fehlerhaften QR-Codes können die Positionen von Fehlern lokalisiert werden (Fehlerlokalisierung), und es ist sogar möglich, diese Fehler zu korrigieren (Fehlerkorrektur). Die Fehlerkorrektur basiert darauf, dass zu den eigentlichen „Nutzdaten“ noch weitere Informationen geschickt hinzugefügt werden. Dadurch wird es möglich, Fehler zu erkennen und zu beheben. Ist allerdings ein zu großer Teil des Codes beschädigt, ist natürlich keine Fehlerkorrektur mehr möglich. Der QR-Code erlaubt maximal eine Beschädigung von 30 Prozent, die noch korrigiert werden kann.
Es gibt viele verschiedene Arten von fehlerkorrigierenden Codes. Sie begegnen uns im Alltag, etwa beim Anhören einer CD, beim Sehen einer DVD, beim digitalen Fernsehen. Die Daten, die bei diesen Medien „übertragen“ werden, sind fehlerbehafteten Einflüssen ausgesetzt. Die CD oder DVD kann verkratzt oder verschmutzt sein, Regen kann den Empfang des Satellitensignals an der Empfangseinheit stören. Dennoch ermöglichen fehlerkorrigierende Codes, dass die Wiedergabe bis zu gewissen Grenzen nicht beeinträchtigt wird.

Würde zur Artikelidentifikation an der Supermarktkasse der QR-Code oder ein anderer fehlerkorrigierender Code anstelle des EAN-Codes verwendet, müssten die Kassiererinnen nicht so häufig Artikel mehrfach über den Scanner ziehen oder sogar den Zahlencode eintippen.

Der Ursprung des QR-Codes liegt in Japan, dort werden mittlerweile täglich mehr als 50 Millionen dieser Codes gelesen. Sie werden häufig für mobiles Identifizieren, das sog. *Mobile-Tagging*, eingesetzt. Die codierten Informationen sind beispielsweise Internetadressen, die zu Werbezwecken an Gebäuden als riesige QR-Codes angebracht sind. Der interessierte Fußgänger zückt sein Mobiltelefon, fotografiert den Code, die Software im Handy decodiert die Information und kann sofort eine Internetverbindung mit der angegebenen Webseite herstellen.

Des Rätsels Lösung …

Welche Botschaft hat Eugen Jost in seinem Bild nun verschlüsselt? Falls Sie mit Ihrem Handy „nur" telefonieren und keine QR-Codes analysieren können, ein kleiner Tipp:

> *Schauen Sie sich das Titelblatt des Buches genau an.*
> *Dort finden Sie die Botschaft – unverschlüsselt!*

Literatur zum Thema

- Beutelspacher, Albrecht: „In Mathe war ich immer schlecht …". Vieweg-Verlag 2008[4]
- Flannery, Sarah: In Code. A Mathematical Journey. Algonquin Books of Chapel Hill 2002
- Schulz, Ralph-Hardo: Codierungstheorie. Eine Einführung. Vieweg-Verlag 2003[2]

quadrate • rhomben • würfel

„Willst du ins Unendliche schreiten, geh' nur im Endlichen nach allen Seiten."
Johann Wolfgang v. Goethe (1749–1832)

Welche geometrischen Objekte kann man in dem Bild entdecken?

Eine lückenlose und überschneidungsfreie Überdeckung der Ebene durch bestimmte Einzelteile nennt man ein Parkett.

In einem regelmäßigen Vieleck sind alle Seiten gleich lang und alle Winkel gleich groß. Welches regelmäßige Vieleck ist in dem Bild versteckt?

Lässt sich die Ebene noch mit anderen regelmäßigen Vielecken parkettieren?

Quadrate, Rhomben, Würfel

© Eugen Jost, CH-3604 Thun
Acryl auf Leinwand, 60 cm x 60 cm

Dieses Muster überzeugt auf den ersten Blick. Man erfasst es sofort. Und man weiß: Es stimmt. Alles passt zusammen. Der Künstler hat keinen Fehler gemacht. Das Bild besticht durch seine Klarheit und seinen Reichtum. Es scheint einfach zu sein, aber es ist eine Quelle zahlreicher mathematischer Ströme.
Als erstes sieht man ein dreidimensionales Bild. Man erkennt Würfel, die mit einer Ecke auf den Betrachter weisen und drei Seiten (blau, rot, gelb) zeigen. Aber irgendwie bekommt man die Würfel nicht zu fassen. Wie viele Würfel sehen Sie in der untersten Reihe? Je nachdem: Entweder zwei, bei denen man auf eine rote Unterseite schaut oder drei, bei denen man eine rote Oberseite sieht. Zählen Sie mal alle Würfel, die Sie sehen! Wie viele verschiedene Ergebnisse erhalten Sie? Das ist eine raffinierte optische Täuschung.
Wenn man das Bild nüchterner betrachtet, um der Konstruktion auf die Spur zu kommen, dann erkennt man, dass es drei verschiedene Teile gibt. Die roten, die waagrecht liegen, sowie die gelben und blauen, die jeweils im gleichen Winkel schräg liegen. Wenn man von den Farben abstrahiert, haben alle Teile die gleiche Form. Alle Seiten eines Teils sind gleich lang; also handelt es sich um Rauten (auch Rhomben genannt).
Die „Würfel“, die wir zu sehen meinen, sind aus jeweils drei Rauten zusammengesetzt. Und wenn man den Umriss eines „Würfels“ betrachtet, erkennt man, dass dies ein Sechseck ist. Man kann sich das ganze Bild auch aus Sechsecken aufgebaut denken, von denen jedes aus je einer roten, einer gelben und einer blauen Raute besteht.
Es gibt Ecken des Musters, an denen sich drei Rauten jeweils mit ihrem großen Winkel treffen; also ist dieser Winkel 120° groß. An der anderen Sorte von Ecken treffen sich sechs Rauten jeweils mit ihrem kleinen Winkel. Also beträgt dieser Winkel 60°.
Damit könnten wir die einzelnen Rauten konstruieren und zu dem Muster zusammensetzen. Wie groß dieses Muster wird, ist nicht vorherbestimmt. Es kommt darauf an, wie viele Teile zur Verfügung stehen. Prinzipiell kann man es beliebig groß machen, ja man kann sich vorstellen, dass man auf diese Weise die ganze Ebene überdecken kann.

Parkette

In der Mathematik spricht man von einem Parkett, wenn die gesamte Ebene lückenlos überdeckt ist. Genauer gesagt: Ein Parkett besteht aus Parkettsteinen, die die Ebene lückenlos und überschneidungsfrei überdecken.

Natürlich können wir real nie die ganze Ebene überdecken; wir bleiben immer im Endlichen. Der Grund, weshalb man ein Parkett als unendliches Muster definiert, liegt darin, dass man dann keine Randeffekte berücksichtigen muss.

Viele Parkette begegnen uns im Alltag: Die Fliesen im Badezimmer, die gepflasterten Muster in den Fußgängerzonen, ein Schachbrett, Bienenwaben und natürlich auch das Rautenmuster in unserem Bild. Es ist klar, dass dies jeweils nur endliche Ausschnitte aus einem unendlichen Muster sind, aber wir „wissen" in jedem Fall, wie es weitergehen würde.

Es ist übrigens nicht notwendig, dass ein Parkett nur aus einer Sorte von Steinen besteht, vielleicht kennen Sie auch ein Parkett aus Quadraten und Achtecken:

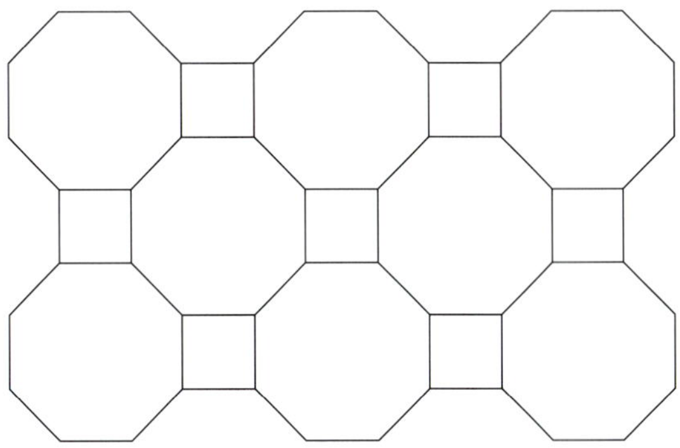

Der erste, der Parkette mathematisch untersucht hat, war Johannes Kepler (1571–1630). Sein Interesse galt grundsätzlich den einfachsten und regelmäßigsten Strukturen. Er betrachtete Parkette, deren Teile alle kongruente (= deckungsgleiche) regelmäßige Vielecke sind. Wir nennen diese reguläre Parkette. Wenn wir die regulären Parkette kennenlernen wollen, fragen wir uns also: Gibt es ein Parkett, das ausschließlich aus gleichseitigen Dreiecken derselben Größe besteht? Natürlich gibt es ein solches Parkett:

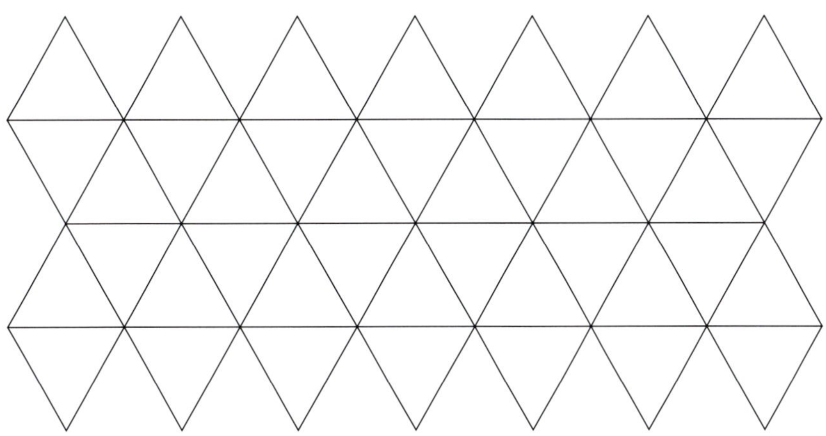

Gibt es ein Parkett, das ausschließlich aus gleich großen Quadraten besteht? Das brauchen wir nicht einmal aufzuzeichnen; jedes Karopapier zeigt uns dieses Muster.

Nun eine schwierigere Frage: Gibt es ein Parkett, das nur aus regelmäßigen Fünfecken zusammengesetzt ist? Die Schwierigkeit der Antwort beginnt damit, dass es schon schwer ist, sich ein einzelnes reguläres Fünfeck vorzustellen.

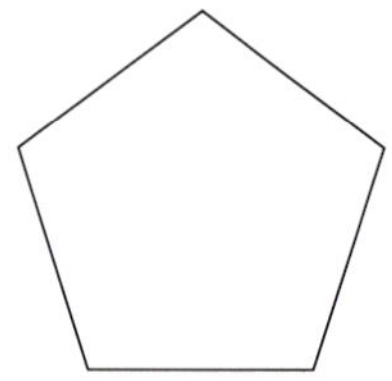

Um obige Frage zu beantworten, brauchen wir Informationen über den Winkel an einer Ecke des Fünfecks. Man könnte diesen bestimmen, aber man sieht mit bloßem Auge, dass dieser größer als ein rechter Winkel ist und kleiner als der 120°-Winkel beim Sechseck.

Wie viele Fünfecke könnten an einer Ecke des Parketts zusammenkommen?

Vier wären zu viele, denn da ihr Winkel jeweils größer als 90° ist, würden sich vier Fünfecke an einer Ecke überlappen. Drei Fünfecke wären aber zu wenige, denn da ihre Innenwinkel jeweils kleiner als 120° sind, würde eine Lücke bleiben. Die Konsequenz ist, dass es kein reguläres Parkett aus Fünfecken gibt.

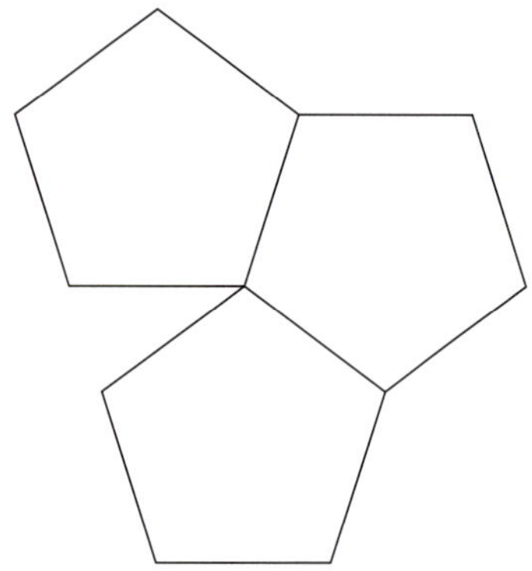

Dass es ein reguläres Parkett aus Sechsecken gibt, zeigen uns die Bienen, wann immer wir ihre Waben betrachten:

Kann es reguläre Parkette mit regelmäßigen n-Ecken geben, wobei $n > 6$ ist? Die Antwort darauf ist „Nein", und man kann ähnlich wie oben argumentieren: Der Innenwinkel eines regelmäßigen n-Ecks mit $n > 6$ ist größer als 120°; also passen an keiner Ecke eines hypothetischen Parketts drei Steine überschneidungsfrei zusammen. Insgesamt haben wir den *Satz von Kepler* bewiesen:

> *Die einzigen regulären Parkette sind diejenigen, die aus regelmäßigen Dreiecken, Quadraten bzw. Sechsecken bestehen.*

Periodische und aperiodische Parkette

Die Parkette, die wir bislang betrachtet haben, sind sogenannte *periodische* Parkette. Darunter versteht man Folgendes: In einem periodischen Parkett gibt es einen Stein (oder auch ein endliches Arrangement von Steinen), sodass das gesamte Parkett durch eine Verschiebung in zwei Richtungen entsteht.
Zum Beispiel ist vermutlich das Parkett in Ihrem Badezimmer periodisch, denn man muss eine Fliese nur nach rechts und links sowie nach oben und unten verschieben, um das gesamte Parkett zu erhalten. Auch das Parkett auf dem Bild ist periodisch. Man nehme drei Rauten, die einen „Würfel" bilden, und verschiebe dieses Arrangement nach rechts und links sowie nach schräg oben bzw. unten.
Dieses Konzept ist eine geniale Methode, um die Unendlichkeit der Ebene zu beherrschen: Man braucht nur ein Teil bzw. ein endliches Arrangement von Teilen zu kennen und die Verschieberichtungen – und man kennt das Parkett in der gesamten, unendlichen Ebene.
Gibt es auch andere, also nichtperiodische („aperiodische") Parkette? Ja, jede Menge, und diese sind auch einfach zu konstruieren. Zum Beispiel kann man vom Standardparkett aus Quadraten der Seitenlänge 1 ausgehen und in diesem eine Zeile um eine irrationale Länge verschieben. Dann gibt es keine Verschiebung mehr, die das Parkett in sich überführt. Wir fragen jetzt anders herum: Gibt es Parkettsteine, aus denen man nur aperiodische Parkette herstellen kann? Die berühmteste Antwort auf diese Frage ist das Penrose-Parkett, das der englische Mathematiker Roger Penrose 1973 erfunden hat.
Dieses Parkett besteht aus Steinen, die zwei unterschiedliche Formen – Drachenviereck und Pfeil – aufweisen. Man erhält diese Figuren aus einer Raute mit den Winkeln 72° bzw. 108° und bei der man die längere Diagonale im goldenen Schnitt teilt. Solche Rauten finden sich in regelmäßigen Fünfecken:

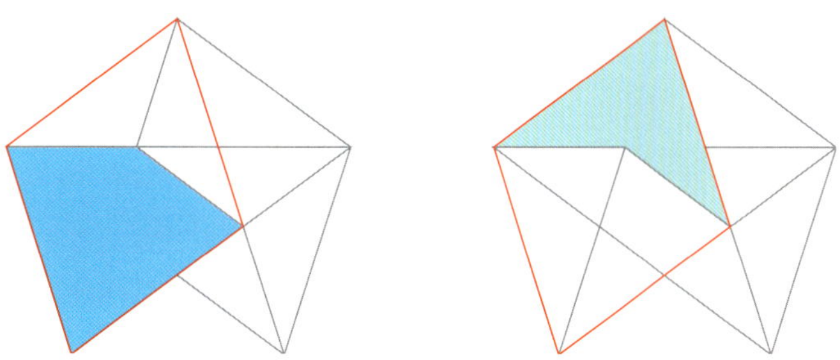

Um zu einem aperiodischen Parkett zu gelangen, muss verhindert werden, dass Drachenviereck und Pfeil wieder zu einer Raute zusammengesetzt werden können. Das geschieht z. B. durch geeignetes Anbringen von Buchstaben an den Ecken und der Forderung, dass nur Ecken mit gleichen Buchstaben aneinanderstoßen dürfen:

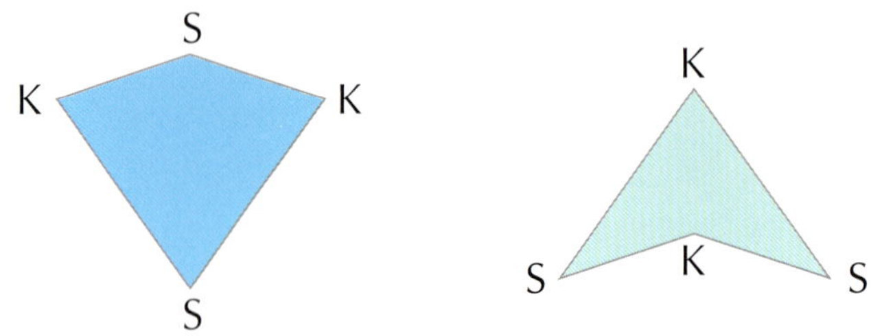

Dass man so die ganze Ebene überdecken kann, bedarf also einiger geistreicher Überlegungen. Hier versuchen Besucher des Mathematikums in Gießen einen Ausschnitt aus einem unendlichen Penrose-Parkett zu legen:

Literatur zum Thema

- Beutelspacher, Albrecht und Bernhard Petri: Der goldene Schnitt. Spektrum Akademischer Verlag 1996[2]
- Grünbaum, Branko und G. C. Shephard: Tilings and Patterns. Freeman 1989

Magische Quadrate

8	1	6
3	5	7
4	9	2

Die Zahl 15 hat für dieses Quadrat eine besondere Bedeutung.
Hinweis: Betrachten Sie Zeilen, Spalten und Diagonalen!

Auch im Bild steht in jedem Feld eine Zahl – manchmal deutlich, manchmal etwas verschlüsselt.

Beschreiben Sie einige Muster, entdecken Sie „versteckte" Zahlen!

Die magische Zahl im roten Quadrat ist 175.

Magische Quadrate

© Eugen Jost, CH-3604 Thun
Acryl auf Leinwand, 60 cm x 60 cm

Magische Quadrate haben uralte Wurzeln. Nach einer chinesischen Legende tauchte eines Tages aus dem Meer eine Schildkröte auf, die auf ihrem Panzer seltsame Zeichen trug. Die Schildkröte hieß *Lo-Shu*. Gelehrte am Hof des Kaisers entschlüsselten die Zeichen und stellten sie mit Hilfe von Knotenschnüren dar. Es handelt sich dabei um ein Zahlenschema aus drei Zeilen und drei Spalten. Für die ungeraden Zahlen wurden weiße Punkte (*Yang*), für die geraden Zahlen schwarze Punkte (*Yin*) verwendet:

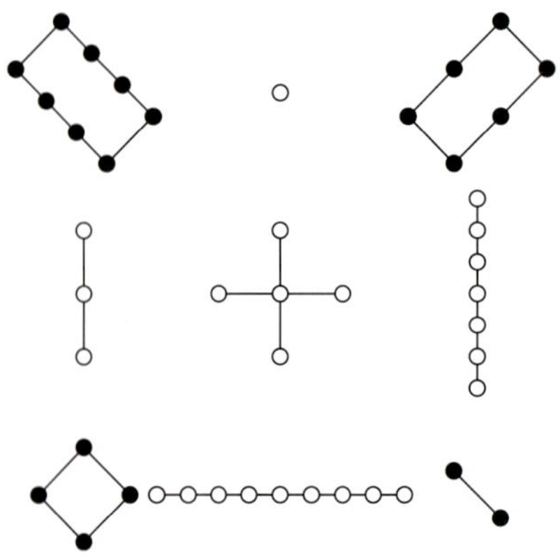

In unserer Zahlendarstellung ergibt sich folgendes Quadrat:

8	1	6
3	5	7
4	9	2

Dieses Quadrat hat die Eigenschaft, dass sich in jeder Zeile und jeder Spalte die gleiche Summe ergibt. In der Tat erhält man in den Zeilen (8 + 1 + 6, 3 + 5 + 7, 4 + 9 + 2) und den Spalten (8 + 3 + 4, 1 + 5 + 9, 6 + 7 + 2) jeweils die Summe 15. Zusätzlich addieren sich auch die Zahlen auf den Diagonalen (8 + 5 + 2 und 4 + 5 + 6) zum Ergebnis 15.

Magische Quadrate

Ein Schema aus n Zeilen und n Spalten hat insgesamt $n \cdot n$ (d.h. n^2) Zellen. Wir stellen uns vor, dass in diesen Zellen die natürlichen Zahlen $1, 2, 3, \ldots, n^2$ stehen. Wir nennen dieses Schema ein *magisches Quadrat*, wenn sich als Summe der Zahlen in jeder Zeile und in jeder Spalte sowie in den Diagonalen dieselbe Zahl ergibt.
Ein magisches Quadrat zu konstruieren, scheint schwierig zu sein. Wenn man die „magische Summe", also die konstante Zeilen- und Spaltensumme, wüsste, dann hätte man jedenfalls einen Anhaltspunkt. Diese kann man zum Glück bestimmen: Die magische Summe eines magischen $n \times n$-Quadrats ist gleich $\frac{n(n^2+1)}{2}$.
Zum Beispiel muss die magische Summe bei einem magischen 3×3-Quadrat gleich $\frac{3(3^2+1)}{2} = 15$ sein.
Die Überlegung dazu ist einfach, wir führen sie an einem magischen 3×3-Quadrat durch. Ein solches besteht aus den Zahlen $1, 2, 3, \ldots, 9$ in irgendeiner Reihenfolge. Die Summe dieser Zahlen ist aber unabhängig von ihrer Reihenfolge, sie ist also gleich $1 + 2 + 3 + \ldots + 9 = 45$. Da jede der drei Zeilen die gleiche Summe ergibt, muss die konstante Zeilensumme gleich $\frac{45}{3} = 15$ sein.
Die magische Summe eines magischen 4×4-Quadrats ist $\frac{4(4^2+1)}{2} = 34$.
Das vermutlich berühmteste magische Quadrat taucht in Albrecht Dürers (1471–1528) rätselhaftem, aber faszinierendem Kupferstich „Melancholia" aus dem Jahre 1514 auf.
Hier ergeben nicht nur die Zeilen und die Spalten jeweils die Summe 34, auch die Summe der Elemente auf den Diagonalen ist 34, die vier Eckfelder haben die Summe $16 + 13 + 4 + 1 = 34$, und auch die Zahlen in den vier Quadraten in den Ecken summieren sich zur magischen Summe (zum Beispiel $16 + 3 + 5 + 10 = 34$). Das Tüpfelchen auf dem i ist, dass die Zahlen in der Mitte unten das Entstehungsjahr des Werks (1514) angeben.

Haben Sie schon versucht, in dem Bild die magische Zahl zu bestimmen? Eugen Jost fordert unsere Kreativität heraus, da er die Zahlen 1 bis 49 zum Teil etwas „verschlüsselt" darstellt. Aber jetzt haben wir schon alles verraten!

Konstruktionsmethoden

Es gibt eine Fülle von Methoden, magische Quadrate zu konstruieren. Mit der folgenden Methode können Sie einfach ein magisches 4x4-Quadrat erhalten. Zunächst zeichnen Sie die vier mal vier Felder (Zellen) auf. Nun führen Sie zwei Schritte durch:

(1) Zunächst zählen Sie die Felder durch, indem Sie links oben beginnen und rechts unten enden. Schreiben Sie die entsprechende Zahl aber nur auf, wenn diese sich auf einer Diagonale befindet. Sie schreiben also die Zahlen 1, 4, 6, 7, 10, 11, 13 und 16.

(2) Nun zählen Sie die Felder von links oben nach rechts unten noch einmal durch, indem Sie (a) nur die leeren Felder nutzen und (b) abwärts die Zahlen zählen, die Sie im ersten Schritt nicht verwendet haben, also die Zahlen 15, 14, 12, 9, 8, 5, 3, 2.

1			4
	6	7	
	10	11	
13			16

1	15	14	4
12	6	7	9
8	10	11	5
13	3	2	16

Für magische Quadrate mit einer ungeraden Zahl von Zeilen gibt es eine besonders einfache und schöne Methode. Man beginnt, indem man in das mittlere obere Feld eine 1 schreibt. Nun fügt man die weiteren Zahlen der Reihe nach gemäß folgender Regel hinzu:

> *Wenn das Feld oben rechts von dem gerade ausgefüllten Feld noch keine Zahl enthält, dann schreibt man die nächste Zahl in dieses Feld. Wenn dieses Feld besetzt ist, dann schreibt man die nächste Zahl direkt unterhalb des gerade ausgefüllten Feldes.*

Dabei nimmt man an, dass das Quadratmuster immer weitergeht. Das heißt: Wenn man in der obersten Zeile ist und zur nächst höheren Zeile übergehen muss, springt man zur untersten Zeile. Entsprechend: Wenn man ganz rechts ist und zu einem Feld rechts davon weitergehen muss, springt man auf die linke Seite.
Schauen wir uns zunächst das Beispiel des magischen 3 x 3-Quadrats an:

	1	
3		
		2

	1	6
3	5	
4		2

8	1	6
3	5	7
4	9	2

Und hier ein magisches 5 x 5-Quadrat:

17	24	1	8	15
23	5	7	14	16
4	6	13	20	22
10	12	19	21	3
11	18	25	2	9

Schließlich soll noch eine Methode erwähnt werden, die mit Überlegungen des großen Mathematikers Leonhard Euler (1707–1783) zu tun hat. Ein lateinisches Quadrat ist ein quadratisches n x n-Schema, in dem die Zahlen 1, 2, 3, …, n so auf die n^2 Zellen verteilt werden, dass in jeder Zeile und jeder Spalte jede Zahl genau einmal vorkommt. Diese Quadrate heißen lateinisch, weil man sie früher nicht mit Zahlen, sondern mit lateinischen Buchstaben gefüllt hat. Im Folgenden sehen Sie zwei lateinische 3 x 3-Quadrate:

1	2	3
2	3	1
3	1	2

1	2	3
3	1	2
2	3	1

Wenn Sie sich an *Sudoku* erinnert fühlen, ist das durchaus korrekt. Man kann Euler als den Urvater des Sudokus ansehen. Ein lateinisches 9 x 9-Quadrat lässt sich ohne Weiteres in neun 3 x 3-Quadrate aufteilen. Wenn nun die Zusatzbedingung erfüllt ist, dass in jedem dieser 3 x 3-Quadrate alle verwendeten Symbole (in der Regel die Ziffern 1 bis 9) genau einmal auftreten, handelt es sich um ein Sudoku.

Stellen Sie sich nun vor, wir würden die beiden lateinischen Quadrate aufeinanderlegen, das erste auf das zweite. Dann liegen jeweils zwei Zahlen übereinander, und man kann sich fragen, ob unter diesen übereinanderliegenden Zahlen alle möglichen Zahlenpaare vorkommen. In diesem Fall ist das so: Die erste Zeile ergibt die Paare (1, 1), (2, 2), (3, 3), die zweite Zeile die Paare (2, 3), (3, 1) und (1, 2), und die letzte Zeile bietet die Paare (3, 2), (1, 3) und (2, 1). Wann immer man ein solches Paar lateinischer Quadrate hat, spricht man von einem Paar *lateinisch-griechischer* Quadrate. Der Grund für diese Namensgebung liegt wiederum in einer historischen Bezeichnungsweise. Als Elemente für das zweite Quadrat hat man in früheren Zeiten griechische Buchstaben gewählt.

Aus jedem solchen Paar kann man nun ein magisches Quadrat basteln, und zwar auf folgende Weise:

Zunächst zieht man von jeder Zahl eins ab und erhält die folgenden Quadrate:

0	1	2
1	2	0
2	0	1

0	1	2
2	0	1
1	2	0

Daraus konstruiert man ein neues 3 x 3-Schema, indem man eine Zahl aus dem ersten Quadrat mit 3 multipliziert und zu der entsprechenden Zahl aus dem zweiten Quadrat addiert:

$3 \cdot 0 + 0$	$3 \cdot 1 + 1$	$3 \cdot 2 + 2$
$3 \cdot 1 + 2$	$3 \cdot 2 + 0$	$3 \cdot 0 + 1$
$3 \cdot 2 + 1$	$3 \cdot 0 + 2$	$3 \cdot 1 + 0$

Wenn man jetzt noch zu jeder Zelle die Zahl 1 addiert, erhält man das folgende 3 x 3-Quadrat:

1	5	9
6	7	2
8	3	4

Ganz zufrieden sind wir allerdings noch nicht. Die Summe der Elemente in den einzelnen Zeilen bzw. Spalten ist zwar jeweils 15, aber die Summen in den beiden Diagonalen weichen von der magischen Zahl ab. Um die Bedingungen für ein magisches Quadrat vollständig zu erfüllen, müssen wir beispielsweise noch die ersten beiden Zeilen vertauschen.

Lateinisch-griechische Quadrate spielen bei Problemen aus der Unterhaltungsmathematik eine gewisse Rolle. Populär war im 18. Jahrhundert die Aufgabe, sämtliche Asse, Könige, Damen und Buben eines Kartenspiels in einem quadratischen Schema so anzuordnen, dass jeder Wert und jede Farbe in jeder Zeile und in jeder Spalte genau einmal vorkommen (lateinisch-griechisches 4 x 4-Quadrat). Leonhard Euler befasste sich auf Anregung der russischen Kaiserin Katharina II (1729 – 1796) mit einem analogen Problem für 36 Offiziere mit je sechs verschiedenen Dienstgraden aus sechs verschiedenen Regimentern. Seiner Einschätzung nach war dieses Problem unlösbar, d. h. es existiert kein lateinisch-griechisches Quadrat der Ordnung 6. Den Nachweis hierfür erbrachte 1901 durch mühevolles Ausprobieren der französische Mathematiker Gaston Tarry (1843 – 1913). Die Zahl 6 bildet aber den einzigen Ausnahmefall. Denn seit 1960 weiß man, dass es – von 6 abgesehen – für jede andere natürliche Zahl $n \geq 3$ lateinisch-griechische Quadrate der Ordnung n gibt. Solche Quadrate haben auch praktische Anwendungen, man verwendet sie heutzutage beim Aufstellen optimaler Versuchspläne.

Das Hexeneinmaleins

Mit einem leichten Augenzwinkern lässt sich in Johann W. Goethes Drama *Faust* ein magisches Quadrat herauslesen. Wir befinden uns in der Hexenküche. Mit großer Emphase deklamiert die Hexe aus einem Buch; Faust und Mephisto hören neugierig zu:

Du musst verstehn!
Aus Eins mach' Zehn
Und Zwei lass gehn,
Und Drei mach gleich.
So bist du reich.
Verlier die Vier!
Aus Fünf und Sechs,
So sagt die Hex',
Mach' Sieben und Acht,
So ist's vollbracht:
Und Neun ist Eins,
Und Zehn ist keins.
Das ist das Hexeneinmaleins.

Faust kann mit diesen Worten nicht viel anfangen, für ihn spricht die Alte „im Fieber". Mephisto bringt es auf den Punkt, denn er entgegnet u. a.: „Gewöhnlich glaubt der Mensch, wenn er nur Worte hört, es müsse sich dabei doch auch was denken lassen." Daher gab und gibt dieses eigenartige Hexeneinmaleins immer wieder Anlass zu mystischen Betrachtungen und allerlei Deutungsversuchen. Wir benutzen es zum Erstellen eines magischen Quadrats.

„Aus Eins mach' Zehn," – setze in die erste Zelle eines 3 x 3-Quadrats statt der 1 eine 10.
„Und Zwei lass gehn," – in die zweite Zelle kommt somit die 2.
„Und Drei mach' gleich," – in die dritte Zelle wird eine 3 geschrieben.
„So bist du reich." – Und zwar reich an Wissen, denn jetzt ist über die Summe der ersten Zeile (= 15) die magische Zahl des Quadrats bekannt.
„Verlier die Vier!" – D.h. die 4 ist nicht vorhanden, schreibe stattdessen eine 0 in die vierte Zelle.
„Aus Fünf und Sechs, so sagt die Hex', mach' Sieben und Acht," – in die fünfte Zelle setze also eine 7 und in die sechste eine 8, dafür kommen in die Zellen sieben bzw. acht die Zahlen 5 bzw. 6.

„So ist's vollbracht:" – damit ist das magische Quadrat bereits (fast) vollständig. Die noch fehlende Zahl ergibt sich aus der Zeilensumme, es ist die „verlorene" 4.
Die noch folgenden Worte dienen der Abrundung:
„Und Neun ist Eins," – das Quadrat aus neun Zellen stellt eine Einheit dar, alle Zeilen- und Spaltensummen ergeben jeweils die Zahl 15.
„Und Zehn ist keins." – Ein Quadrat aus zehn Zellen gibt es nicht.

Mephisto wird mit uns zufrieden sein, denn wir haben uns so verhalten, wie er uns Menschen einschätzt: Wir haben die Worte gehört bzw. gelesen und uns dabei etwas gedacht. Als Ergebnis erhalten wir ein magisches Quadrat. Einen Haken hat allerdings die Sache, denn eine der beiden Diagonalensummen ist ein Spielverderber. Ganz magisch ist dieses Quadrat also nicht!

10	2	3
0	7	8
5	6	4

Magische Rösselsprünge

Leonhard Euler hat sich – wie wir bei dem entsprechenden Bild dargelegt haben – ausführlich mit dem Schachbrett und einer speziellen Schachfigur, dem Springer, befasst. Es ging darum, herauszufinden, ob der Springer jedes Feld des Schachbrettes genau einmal erreichen kann. Der Weg des Springers oder Rössels wurde jeweils mit Zahlen markiert. Das Startfeld bekam die 1, das zweite Feld, das der Springer erreicht, eine 2 usw. Das letzte Feld erhielt folglich die Zahl 64.
Ein Schachbrett ist nichts anderes als ein Quadrat mit acht Zeilen und acht Spalten. Nun kann man auf die Idee kommen, die Zahlen des Rösselweges zeilen- bzw. spaltenweise zu addieren. Ein besonders kunstvoller Rösselweg würde sich ergeben, wenn die Zeilen- und Spaltensummen jeweils gleich wären. Die magische Summe können wir nach unseren bisherigen Kenntnissen berechnen:

$$\frac{8(8^2+1)}{2} = 260.$$

Die folgende Abbildung zeigt einen solchen Rösselsprung. Rechnen Sie die entsprechenden Summen ruhig nach.

50	11	24	63	14	37	26	35
23	62	51	12	25	34	15	38
10	49	64	21	40	13	36	27
61	22	9	52	33	28	39	16
48	7	60	1	20	41	54	29
59	4	45	8	53	32	17	42
6	47	2	57	44	19	30	55
3	48	5	46	31	56	43	18

Wie beim Hexeneinmaleins hat auch dieses Quadrat einen Schönheitsfehler, denn die Diagonalensummen ergeben leider nicht 260. Unser Rösselsprung ist zwar ziemlich magisch, aber er führt letztendlich nicht zu einem magischen Quadrat.

Magische Quadrate – Astrologie

In seinem umfangreichen Werk *De Occulta Philosophia* befasst sich der Philosoph, Mystiker und Mediziner Heinrich Cornelius Agrippa von Nettesheim (1486–1535) ebenfalls mit magischen Quadraten. Jedem der im damaligen geozentrischen Weltbild (vgl. die Ausführungen zum Bild „Mittelmeermathematik") vorkommenden Himmelskörper ordnete Agrippa ein bestimmtes magisches Quadrat zu. Dem Saturn als am weitesten entfernten Planeten wurde das kleinstmögliche magische Quadrat zugeordnet, der der Erde am nächsten gelegene Mond erhielt das größte Quadrat. Die Tabelle gibt die vollständige Übersicht:

	Magisches Quadrat	
Himmelskörper	Zellenzahl	Magische Zahl
Saturn	3x3 = 9	15
Jupiter	4x4 = 16	34
Mars	5x5 = 25	65
Sonne	6x6 = 36	111
Venus	7x7 = 49	175
Merkur	8x8 = 64	260
Mond	9x9 = 81	369

Zusammen mit dem Bildnis des jeweiligen Planetengottes wurden diese magischen Quadrate auf (Edel-)Metallplatten graviert und dienten als Talisman (Planetensiegel). Aufgrund ihrer magischen Wirkungen sollten diese Planetensiegel ihre Träger vor Gefahren und Krankheiten schützen.

Selbst der berühmte Mediziner Theophrastus Bombastus von Hohenheim (1493–1541) – besser bekannt unter dem Namen Paracelsus – billigte diese Lehre des Agrippa und empfahl magische Quadrate als Heilmittel gegen bestimmte Krankheiten. So soll beispielsweise das Marsquadrat hilfreich bei Gallenleiden sein.

Wieso glaubten die Menschen an die besondere Wirkung solcher Amulette? Hier gibt unser Buchtitel „Alles ist Zahl" den entscheidenden Hinweis. Dieses Bekenntnis bildete die Grundlage für die Lehre der Pythagoreer, nach der die Natur und alles Leben durch Zahlen geordnet und festgelegt ist. Jede einzelne Zahl hat eine besondere Bedeutung bzw. Qualität. Allgemein versinnbildlichen ungerade Zahlen das männliche handelnde und kreative Prinzip, während gerade Zahlen weibliche rezeptive und passive Aspekte verkörpern. Wenn nun schon einzelne Zahlen eine bestimmte Bedeutung bzw. Qualität aufweisen, dann müssen Zahlenanordnungen, die zudem eigenartige Gesetzmäßigkeiten befolgen, erst recht besondere Wirkungen erzielen. Das leuchtet ein!

Literatur zum Thema

- Kuper, Michael: Agrippa von Nettesheim. Ein echter Faust. Verlag Clemens Zerling 1994
- Olivastro, Dominic: Das chinesische Dreieck. Zweitausendeins 1995

Weitere Literaturangaben

Weitere Leseanregungen für Interessierte

- Adrian, YEO: The Pleasures of Pi, e and Other Interesting Numbers. World Scientific Publishing Co., Singapore etc. 2007
- Aigner, Martin und Ehrhard Behrends: Alles Mathematik. Vieweg-Verlag, Wiesbaden 2002
- Aigner, Martin und Günter M. Ziegler: Das BUCH der Beweise. Springer-Verlag, Berlin – Heidelberg – New York 2003[2]
- Basieux, Pierre: Die Top Seven der mathematischen Vermutungen. Rowohlt-Verlag, Hamburg 2004
- Behrends, Ehrhard: Fünf Minuten Mathematik. Vieweg-Verlag, Wiesbaden 2006
- Beutelspacher, Albrecht: Mathematik für die Westentasche. Piper-Verlag, München – Zürich 2001
- Du Sautoy, Marcus: Die Musik der Primzahlen. Auf den Spuren des größten Rätsels der Mathematik, dtv, München 2006
- Fröba, Stephanie und Alfred Wassermann. Die bedeutendsten Mathematiker. Marix-Verlag, Wiesbaden 2007
- Hardy, Godfrey Harold: A Mathematics Apology. Cambridge University Press, Cambridge – New York 1992
- Hemme, Heinrich: Die magischen Vierecke des Abul Wafa. Rätsel und Knobeleien wie aus 1001 Nacht. Rowohlt-Verlag, Hamburg 2004
- Heuser, Harro: Die Magie der Zahlen. Herder-Verlag, Freiburg – Basel – Wien 2003
- Kippenhahn, Rudolf: Eins, zwei, drei … unendlich. Piper-Verlag, München – Zürich 2007
- Pesch, Hans Josef: Schlüsseltechnologie Mathematik. Einblicke in aktuelle Anwendungen der Mathematik, Teubner-Verlag, Stuttgart 2002
- Ronan, Mark: Symmetry and the Monster. One of the Greatest Quests of Mathematics. Oxford University Press, New York 2006
- Stillwell, John: Yearning for the Impossible. The Surprising Truths of Mathematics. A K Peters, Wellesley (MA) 2006
- Szpiro, Georg: Mathematik für Sonntagmorgen. 50 Geschichten aus Mathematik und Wissenschaft. Verlag Neue Züricher Zeitung, Zürich 2004
- Szpiro, Georg: Mathematik für Sonntagnachmittag. Weitere 50 Geschichten aus Mathematik und Wissenschaft. Verlag Neue Züricher Zeitung, Zürich 2006

Bildnachweis

Seite 32: http://commons.wikimedia.org

Seite 51: The MacTutor History of Mathematics archive

Seite 55: http://commons.wikimedia.org

Seite 110: http://commons.wikimedia.org

Seite 112: Mathematikum, Gießen

Seite 117: http://commons.wikimedia.org